教育部卓越教师培养计划改革项目成果教材

（上 册）

主　审　李家其
主　编　周硕林　漆云常
副主编　梅　敏　佟玲玲
　　　　李　骏　杨　玫
参　编　肖卓群

特配电子资源

微信扫码
· 延伸阅读
· 视频学习
· 互动交流

南京大学出版社

图书在版编目(CIP)数据

化学. 上册 / 周硕林，漆云常主编. —南京：南京大学出版社，2021.1(2024.1 重印)

ISBN 978-7-305-24216-8

Ⅰ. ①化… Ⅱ. ①周… ②漆… Ⅲ. ①化学—师范学校—教材 Ⅳ. ①O6

中国版本图书馆 CIP 数据核字(2021)第 024130 号

出版发行 南京大学出版社
社　　址 南京市汉口路 22 号　　邮　编 210093

书　　名 化学(上册)
主　　编 周硕林　漆云常
责任编辑 刘　飞　　编辑热线 025-83592146

照　　排 南京南琳图文制作有限公司
印　　刷 常州市武进第三印刷有限公司
开　　本 787×1092　1/16　印张 5　字数 119 千
版　　次 2021 年 1 月第 1 版　2024 年 1 月第 3 次印刷
ISBN 978-7-305-24216-8
定　　价 24.00 元

网址：http://www.njupco.com
官方微博：http://weibo.com/njupco
官方微信号：njupress
销售咨询热线：(025) 83594756

前 言

为适应新时代下对五年制专科，六年制本科层次小学、幼儿园教师的培养要求，以及六年制本科层次学生的学习特点，着眼化学课程的功能和定位，突出基础性、时代性和较好的可操作性，本书旨在帮助学生掌握化学基础知识、基本原理及基本实验技能，提高科学素养。

本书共包括绪论、化学计量、化学物质与化学反应、典型的金属和非金属、原子结构、元素周期律等内容。为适应化学学习特点，将实验部分单独列出，以供理实相结合教学；每章节后附有章节测试练习题，以供学习巩固之用。

本书可以作为高等院校、高专学校的小学教育、学前教育专业本、专科学生文化课程教材，也可供成人教育、小学科学、幼儿园教师等相关人员的通识性教材。

全书由长沙师范学院周硕林、湘中幼儿师范高等专科学校漆云常担任主编，由湖南幼儿师范高等专科学校梅敏和杨玫、长沙师范学院佟玲玲、湘中幼儿师范高等专科学校李骏担任副主编、湘中幼儿师范高等专科学校肖卓群担任参编。长沙师范学院李家其教授审定了教材，最后由周硕林负责统稿。编者中参考并借鉴了部分兄弟院校的教材或讲义等资料以及同行的研究成果、观点等，在此一并表示感谢。感谢所有关心和支持这本教材编写、出版、发行的单位和同志。

由于编者水平有限，书中难免存在一些缺点和错误，恳请读者给予批评指正。

编　者

2021 年 1 月于长沙

前言

目 录

绪 论

第一章 化学计量

第二章 化学物质与化学反应

第三章　典型的金属和非金属

第四章　原子结构　元素周期律

实验部分

绪 论

章首语

化学作为一门研究物质组成、结构、性质及其变化规律的科学，在创造、丰富人类物质文明的进程中，起着极为重要的作用。化学是人类认识和改造世界的主要方法和手段之一。

第一节 化学的发展

“化学”一词，若单是从字面解释就是“变化的科学”。化学科学是在原子、分子水平上研究物质的组成、结构、性质、变化规律、制备和应用的一门以实验为基础的自然科学。

化学科学的特征是认识分子和制造分子，从分子、原子、离子的角度认识物质的本质及物质之间的变化规律。

化学与其他自然及工程科学有着紧密的联系。物理学、生物学、数学与计算科学、农学、医学、林学等学科的发展促进了化学学科的进步，同时化学学科的发展也推动了其他学科的前进。

化学学科的形成大致经历了五个发展时期。

1. 远古的工艺化学时期

这一时期人类的制陶、冶金、酿酒、染色等工艺，主要是在实践经验的直接启发下经过长期摸索而来的，化学知识还没有系统形成，属于化学科学的萌芽期。如商代的司母戊鼎是目前已知的最大的古青铜器；秦汉时期的制陶业无论是从生产规模和烧造技术，还是从数量与质量，都超过了之前的任何时代。秦汉时期建筑用陶在制陶业中占有重要位置，其中最富有特色的是“秦砖汉瓦”。

图 1-1 司母戊鼎

2. 炼丹术与医学化学时期

约从公元前 1500 年到公元 1650 年，炼丹术士和炼金术士们，在皇宫、教堂等场所开始了最早的化学实验。在中国、阿拉伯、埃及、希腊都有不少记载、总结炼丹术的书籍。虽然没有能制造出长生不老药，但这一时期的炼丹术、炼金术的作坊却是最早的化学实验室，开展了大量的化学实验，用人工的方法实现了许多物质之间的相互转变，制造出了许多的实验仪器，总结了许多的实验方法，客观上对化学、医学、冶金和生理学等的发展积累了一定的经验材料，也丰富了化学的内容。

3. 燃素化学时期

约从1650年到1775年，随着冶金工业和实验室经验的积累，人们开始提出了一些化学理论。波义耳的元素说和他的研究工作使得化学确立为科学，从此化学开始成为一门独立的科学。与此同时，波义耳得出火是一种具有重量的物质元素的错误结论，为"燃素说"的提出提供了条件。"燃素说"者认为可燃物能够燃烧是因为其中含有燃素，燃烧的过程是可燃物中燃素放出的过程，可燃物放出燃素后成为灰烬。"燃素说"流行了一百多年，其本身虽然错误，化学家为解释各种现象，做了大量的化学实验，积累丰富的感性材料。特别是认为化学反应是一种物质转移到另外一种物质的过程，化学反应中物质守恒，这些观点奠定了近、现代化学思维的基础。

4. 近代化学时期

1775年前后，拉瓦锡用白磷和硫磺燃烧的化学实验，定量地阐述了燃烧的氧化学说。氧化燃烧理论的建立是化学发展中的一次革命，这不仅仅是燃烧理论的创新，更是包括化学基本概念和基本方法以及世界观和思维方式的变革。拉瓦锡开创了定量化学时期，这一时期建立了许多化学基本定律，提出了原子分子学说，发现了元素周期律，发展了有机结构理论，这些为现代化学的发展奠定了坚实的理论基础。

5. 现代化学时期

进入20世纪以后，由于广泛地应用了当代科学的理论、技术和方法，化学在认识物质的组成、结构、性质、合成和测试等方面都有了长足的进展。先进的量子理论和技术、数学方法及计算机技术等学科在化学中的应用，以及能谱技术、激光技术、同位素技术等技术的应用，对现代化学的发展起了很大的推动作用。

现代化学的发展同时也带动和促进了相关科学的进一步发展。如对蛋白质化学结构的测定和合成，对遗传物质DNA的结构和遗传规律，使生命科学进入研究基因组成、结构和功能的新阶段。

化学学科与其他学科的交叉渗透为现代工农业、交通运输、医疗卫生、军事技术以及人们衣食住行的各个方面，提供了性能各异的材料。如今，化学与国民经济和社会生活联系紧密的新材料、新能源、环境、生命科学等科学之间的关系越来越密切。

第二节　化学学科的分类

化学在发展过程中，依照所研究的分子类别和研究手段、目的、任务的不同，派生出不同层次的许多分支。在20世纪20年代以前，化学传统地分为无机化学、有机化学、物理化学和分析化学四个分支。20年代以后，由于世界经济的高速发展，化学键的电子理论和量子力学的诞生、电子技术和计算机技术的兴起，化学研究在理论上和实验技术上都获得了新的手段，出现了崭新的面貌。现在把化学内容一般分为有机化学、无机化学、分析化学、物理化学、高分子化学共五大类。

根据当今化学学科自身的发展以及它与天文学、物理学、数学、生物学、医学、地学等学科相互渗透的情况，化学可作如下分类：无机化学、有机化学、物理化学、分析化学、能源化学、材料化学、量子化学、核化学、核放射性化学、生物化学、环境化学等。其他与化学有关的边缘、交叉学科有：地球化学、海洋化学、大气化学、宇宙化学等。

第一章　化学计量

章首语

我们在初中已经知道了物质是由原子、分子和离子等微粒构成的，然而单个微粒肉眼看不见，也难于称量。在实际应用中我们所取用的物质，不论是单质还是化合物，都是可以称量的。我们已经学习过物质之间的反应，既是按照一定个数、肉眼看不见的微粒来进行，而实际上又是物质按照一定的质量比例关系进行反应。那么一定质量的物质究竟与其所构成的微粒有着什么样关联？科学上用物质的量将原子、分子或离子等微粒数量跟宏观物质（微粒集体）两者联系起来。

知识树

化学计量
- 物质的量
- 摩尔质量
- 气体摩尔体积
- 物质的量浓度

第一节　物质的量及摩尔质量

一、物质的量

物质的量如同长度、质量、时间、电流等物理量一样，是七个基本物理量之一。物质的量是衡量一定微粒集体的一个物理量，符号用 n 表示，单位是 mol。国际上规定一定量的粒子集体中所含有的微粒数目与 0.012 kg ^{12}C 所含的碳原子数相同，其物质的量就是 1 mol。

1 mol 任何粒子的粒子数叫做阿伏伽德罗常数，阿伏伽德罗常数的符号用 N_A 表示，单位为 mol^{-1}。通常使用 6.02×10^{23} mol^{-1} 这一近似值，例如：

1 mol O 中约含有 6.02×10^{23} 个 O；

1 mol H_2 中约含有 6.02×10^{23} 个 H_2；

1 mol H_2O 中约含有 6.02×10^{23} 个 H_2O。

物质的量只能用来表示一定量的粒子集体，不能用来表示宏观物质。在使用摩尔表示物质的量时，一定要在 mol 符号的后面用化学符号表明粒子的种类，例如 1 mol K^+，1 mol O_2，0.1 mol Na^+ 以及 6.5 mol SO_4^{2-} 等。

物质的量(n)、阿伏伽德罗常数(N_A)与微粒数目(N)之间存在如下关系：

$$n = \frac{N}{N_A}$$

从上式可知，1 mol 不同粒子所含的分子、原子、离子的数目都相同。某一粒子集体的物质的量就等于这个粒子集体的微粒数目与阿伏伽德罗常数之比。

二、摩尔质量

如果已知微粒的质量，那么就可以求出 1 mol 不同粒子的质量。我们发现，1 mol 任何粒子的质量，以克为单位时，在数值上等于该粒子的相对原子质量或相对分子质量。如 1 mol O 的质量为 16 g，1 mol H_2O 的质量为 18 g。

值得注意的是，原子的质量主要集中在原子核上，电子的质量很小。所以原子得到或失去电子变成离子时，电子的质量可以忽略不计。由此可知，1 mol Na^+ 的质量是 23 g，1 mol SO_4^{2-} 的质量是 96 g。

单位物质的量的物质所具有的质量叫做**摩尔质量**，符号用 M 表示，常用的单位为 g/mol。如 Na 的摩尔质量是 23 g/mol，CO_2 的摩尔质量是 44 g/mol，NaCl 的摩尔质量是 58.5 g/mol。

物质的量(n)、物质的质量(m)和摩尔质量(M)之间存在着如下关系：

$$n = \frac{m}{M}$$

根据此公式，可以实现物质的质量与其对应的物质的量之间的换算。例如，1.5 mol H_2O 的质量为 27 g，88 g CO_2 的物质的量等于 2 mol。

我们不难得出宏观物质的质量与微观粒子的数量之间的关系，即：

$$\frac{N}{N_A} = n = \frac{m}{M}$$

由此可见，物质的量可将不可见的微观粒子与可称量的物质联系起来，起到了“桥梁”作用。

思考与练习

一、选择题

1. 下列关于物质的量的说法正确的是(　　)。
   A. 物质的量是物质数量的单位
   B. 物质的量实际上表示物质的质量
   C. 物质的量实际上表示含有一定数目的粒子集体
   D. 物质的量就是物质的数量

2. 下列说法正确的是（　　）。

A. 1 mol 任何物质均含有 6.02×10^{23} 个原子

B. 阿伏伽德罗常数就是 1 mol 粒子数的集体，0.012 kg ^{12}C 约含有 6.02×10^{23} 个 ^{12}C

C. 摩尔是一个基本的物理量

D. 1 mol 水中含有 2 mol 氢和 1 mol 氧

二、填空题

1. 2 mol H_2SO_4 中氧原子的物质的量是________。

2. 0.5 mol H_2O 含有的原子数目为________。

3. 质量相等的 O_2 和 O_3，其物质的量之比为________；物质的量相等的 O_2 和 O_3，其质量比为________。

三、判断题

1. 氧气的摩尔质量是 32 g。（　　）

2. 氧气的摩尔质量等于氧气的相对分子质量。（　　）

3. 1 mol 氧气的质量就是氧气的摩尔质量。（　　）

四、计算题

1. 32 g $CuSO_4$ 的物质的量是多少？0.5 mol 的 $NaHCO_3$ 的质量是多少？

2. 87 g K_2SO_4 中含有 K^+ 和 SO_4^{2-} 的物质的量是多少？

3. 45 g 水中所含的原子数目是多少？

第二节　气体摩尔体积

我们知道物质的质量(m)、体积(V)与密度(ρ)之间的关系，又学习了物质的摩尔质量(M)，即 1 mol 物质的质量，那么就可以通过密度计算出 1 mol 任何物质的体积。

表 1-1　1 mol 不同物质的质量和体积

常温状态	化学式	质量	0 ℃，101 kPa		20 ℃，101 kPa	
			密度	体积	密度	体积
固体	Al	27 g			2.7 g/cm^3	
	Fe	56 g			7.8 g/cm^3	7.2 cm^3
	Cu	64 g			8.9 g/cm^3	
液体	H_2O	18 g			1 g/cm^3	18.0 cm^3
	C_2H_5OH	46 g			0.789 g/cm^3	
气体	H_2	2 g		22.4 L		
	CO	28 g		22.4 L		
	CO_2	44 g		22.4 L		

从表 1 - 1 可以看出，在一定温度、压强下，对于物质的量相同的不同固体和液体来说，其体积有所不同。为什么？

物质的粒子的数目、粒子的大小和粒子之间的距离是决定物质体积大小的主要因素。在粒子数目相同的情况下，物质所占据空间的大小（即物质的体积）就主要取决于构成物质粒子的大小和粒子之间的距离。当粒子之间的距离与粒子大小（即粒子的直径）相比较，粒子之间的距离远远小于粒子大小（即粒子的直径）时，此时物质的体积就由粒子的大小来决定。而当粒子之间的距离远远大于粒子大小（即粒子的直径）时，那么物质的体积就主要取决于粒子之间的距离。

不同固态或液态物质虽然含有相同数目的粒子，但不同粒子的大小是不同的，而且粒子之间的距离远远小于粒子大小，这就使得固态或液态物质的体积主要与粒子的大小有关。因此，1 mol 不同固态或液态物质的体积是不同的。

我们发现，1 mol 任何气体所占的体积在数值上近似相等。对于气体而言，其体积比固体或液体的体积更容易被压缩，这说明在气体中分子之间的距离比固体或液体中分子之间的距离要大得很多。物质在气态时其粒子之间的平均距离比粒子本身的大小要大得多。因此，当分子数目相同时，气体体积的大小主要取决于气体分子之间的距离。

气体分子之间的距离与温度和压强等外界条件的关系非常密切。大量实验结果表明，一定质量的气体，在压强一定时，温度升高，气体分子之间的距离增大，温度降低，气体分子之间的距离减小；在温度一定时，压强增大，气体分子之间的距离减小，压强减小，气体分子之间的距离增大。因此，要比较一定质量气体的体积，就必须要在相同的温度和压强下进行比较，否则，就会失去比较的意义。

在温度为 0 ℃、压强为 101 kPa 时，通过计算发现，1 mol H_2、O_2、CO、CO_2 的体积大致是相同的，都约为 22.4 L。此外，大量的科学实验表明，在温度为 0 ℃、压强为 101 kPa 时，1 mol 任何气体所占的体积都约为 22.4 L。

在一定温度和压强下，单位物质的量的气体所占的体积叫做气体摩尔体积，符号用 V_m 表示，常用单位为 L/mol。

物质的量（n）、气体的体积（V）和气体摩尔体积（V_m）之间存在着如下关系：

$$V_m = \frac{V}{n}$$

通常将温度为 0 ℃、压强为 101 kPa 时的状况称为标准状况。在标准状况下，气体的摩尔体积约为 22.4 L/mol，如果 V L 的某气体，其物质的量为：

$$n = \frac{V}{22.4}$$

由上式可知，在标准状态下，67.2 L 氧气的物质的量为 3 mol，1.5 mol CO_2 的体积为 33.6 L。

在一定的温度和压强下，分子之间的距离可以看作是相等的，所以在相同的温度和压强下，任何气体的体积的大小只随分子数目的多少而发生变化。反之，相同的温度和压强下，当体积相同的任何气体，其含的分子数目也是相同的，这被称为阿伏伽德罗定律。具体表达式为：

$$\frac{N_1}{N_2}=\frac{V_1}{V_2}\quad（同温、同压）$$

由此可以推论出，在相同的温度和压强下，任何气体的体积之比等于物质的量之比。

$$\frac{n_1}{n_2}=\frac{V_1}{V_2}\quad（同温、同压）$$

思考与练习

一、判断题

1. 1 mol 气体的体积就是气体的摩尔体积。 （ ）
2. 任何气体的摩尔体积都大致相等。 （ ）
3. 22.4 L H_2 所含有的分子数目约为 N_A 个。 （ ）
4. 常温常压下，22.4 L O_2 含有的分子数目约为 N_A 个。 （ ）
5. 标准状况下，22.4 L H_2O 中含有的分子数目约为 N_A 个。 （ ）

二、计算题

1. 在标准状况下，测得 0.9 g 某气体体积为 672 mL。计算此气体的相对分子质量。
2. 在标准状况下，6.72 L CH_4 和 CO 的混合气体的质量为 6 g，该混合气体中 CH_4 物质的量为多少？CO 的质量为多少？

第三节　物质的量的应用

以单位体积溶液里所含溶质的物质的量来表示溶液组成的物理量，叫做该溶质的物质的量浓度。物质的量浓度的符号用 c 表示，常用的单位为 mol/L。

在一定物质的量浓度的溶液中，溶质的物质的量(n)、溶液的体积(V)和溶质的物质的量浓度(c)之间存在以下关系：

$$c=\frac{n}{V}$$

通过上式，可实现溶质的物质的量浓度与其对应的物质的量之间的换算。如 1 L 的氯化钾溶液中含有 0.01 mol KCl，则 KCl 物质的量浓度为 0.01 mol/L。又如 2 L 物质的量浓度为 0.5 mol/L 的 H_2SO_4 溶液，溶液中所含 H_2SO_4 的物质的量为 1 mol。

如果已知一定物质的量浓度及相应的体积需求，那么可计算出溶质的物质的量，求出该物质的质量，进而在实验室中配制出一定物质的量浓度的溶液。如欲配制 250 mL 0.1 mol/L的氯化钠溶液，氯化钠的物质的量为 0.25 L×0.1 mol/L＝0.025 mol，所需氯化钠的质量为 0.025 mol×58.5 g/mol＝1.46 g。

在实验室中除了固体物质配制溶液外，还经常需要用浓溶液来配制所需的稀溶液。将浓溶液进行稀释，虽然溶液的体积会发生变化，但溶液中溶质的物质的量不变，因此根据浓溶液稀释前后，溶液中溶质的物质的量相等这一原理，可以用如下公式计算有关的量：

$$c(\text{浓溶液}) \cdot V(\text{浓溶液}) = c(\text{稀溶液}) \cdot V(\text{稀溶液})$$

例题 1－1

配制溶液：25 mL 12 mol/L 的 HCl 溶液加水稀释至 250 mL，则稀释后 HCl 的物质的量浓度为多少？

解：设 25 mL(V_1) 12 mol/L(c_1) 的 HCl 溶液，稀释至 250 mL(V_2) 后 HCl 的物质的量浓度为 c_2，由于 $c_1 \cdot V_1 = c_2 \cdot V_2$，则

$$\begin{aligned} c_2 &= \frac{c_1 \cdot V_1}{V_2} \\ &= \frac{25\ \text{mL} \cdot 12\ \text{mol/L}}{250\ \text{mL}} \\ &= 1.2\ \text{mol/L} \end{aligned}$$

答：稀释后 HCl 的物质的量浓度为 1.2 mol/L。

另外，化学方程式可以明确地表示出化学反应中各种粒子数之间的数目关系。这些粒子之间的数目关系，也就是化学计量数的关系。例如：

$$H_2SO_4 \quad + \quad 2NaOH \quad = \quad Na_2SO_4 \quad + \quad 2H_2O$$

化学计量数之比　　1　：　2　：　1　：　2

扩大 6.02×10^{23} 倍，有：

$$1\times6.02\times10^{23} : 2\times6.02\times10^{23} : 1\times6.02\times10^{23} : 2\times6.02\times10^{23}$$

物质的量之比　　1 mol　：　2 mol　：　1 mol　：　2 mol

由上可以看出，化学方程式中各物质的化学计量数之比，等于组成各物质的粒子数之比，也等于各物质的物质的量之比。

例题 1－2

在标准状况下，将 4.48 g 金属铁与足量的稀盐酸充分反应，可生成氢气多少升？

解：设生成 H_2 的物质的量为 x mol，则

$$n(\text{Fe}) = m/M = 4.48/56 = 0.08(\text{mol})$$

$$Fe + 2HCl = FeCl_2 + H_2\uparrow$$

1　　　　　　1

0.08　　　　　x

$$1 : 0.08 = 1 : x$$

$$x = 0.08(\text{mol})$$

标准状况下，氢气的体积 $V = n \cdot V_m = 0.08\times22.4 = 1.792(\text{L})$

答：标准状况下，生成 H_2 体积为 1.792 L。

因此,将物质的量(n)、摩尔质量(M)、摩尔体积(V_m)、物质的量浓度(c)等概念应用于化学方程式进行计算时,可定量地研究化学反应中各物质之间的量的关系,也可使计算过程更加方便、快捷。

思考与练习

一、选择题

1. 下列溶液中的 $c(Cl^-)$ 与 300 mL 1 mol/L NaCl 溶液中 $c(Cl^-)$ 相等的是 ( )

A. 150 mL 2.5 mol/L NaCl 溶液　　B. 75 mL 2 mol/L $CaCl_2$ 溶液

C. 150 mL 3 mol/L KCl 溶液　　D. 75 mL 1 mol/L $FeCl_3$ 溶液

2. 将 30 mL 0.5 mol/L NaCl 溶液加水稀释到 500 mL,稀释后溶液中 NaCl 的物质的量浓度为 ( )

A. 0.03 mol/L　　B. 0.3 mol/L　　C. 0.05 mol/L　　D. 0.04 mol/L

二、判断题

1. 将 58.5 g NaCl 溶于 1 L 水制成溶液,则 $c(NaCl)=1$ mol/L。 ( )

2. 将 2 g NaOH 配制成 1 L 的 NaOH 溶液,所得溶液中溶质的物质的量浓度为 2 mol/L。 ( )

3. 若从 1 L 0.5 mol/L 的 NaOH 溶液中取出 20 mL,则取出的溶液中 $c(NaOH)=$ 0.01 mol/L。 ( )

4. 0.5 L 0.1 mol/L $Ba(NO_3)_2$ 溶液中,含有 Ba^{2+} 的物质的量浓度为 0.05 mol/L。 ( )

三、计算题

配制 250 mL 2.0 mol/L H_2SO_4 溶液,需要 18 mol/L 的 H_2SO_4 溶液的体积是多少?

本章小结

一、物质的量及摩尔质量

物质的量(n)与粒子数(N)、摩尔质量(M)之间的关系:

$$\frac{N}{N_A}=n=\frac{m}{M}$$

二、气体摩尔体积

物质的量(n)与气体体积(V)的关系:

$$n=\frac{V}{V_m}$$

三、物质的量应用

1. 物质的量(n)与溶液体积(V)的关系:

$$n=c\times V$$

2. 稀释定律:浓溶液稀释前后,溶液中溶质的物质的量相等。稀释前后有关的量的关系:

$$c(\text{浓溶液}) \cdot V(\text{浓溶液}) = c(\text{稀溶液}) \cdot V(\text{稀溶液})$$

3. 化学方程式中各物质的化学计量数之比，等于各物质的物质的量之比。

章节测试

一、选择题

1. 下列说法正确的是(　　)。

A. 物质的量适用于计量分子、原子、离子等粒子

B. 物质的量就是物质的质量

C. 摩尔是表示粒子多少的一种物理量

D. 摩尔是表示物质质量的单位

2. 下列有关气体体积的叙述，正确的是(　　)。

A. 一定温度和压强下，各种气态物质体积的大小，由构成气体的分子多少决定

B. 一定温度和压强下，各种气态物质体积的大小，由构成气体的分子大小决定

C. 不同的气体，若体积不同，则它们所含分子数也不同

D. 气体摩尔体积指 1 mol 任何气体所占的体积约为 22.4 L

3. 0.5 L $AlCl_3$ 溶液中 Cl^- 为 9.03×10^{22} 个，则 $AlCl_3$ 溶液的物质的量浓度为(　　)。

A. 0.1 mol/L　　B. 1 mol/L　　C. 3 mol/L　　D. 1.5 mol/L

二、填空题

1. 2 mol H_2O 中与 3 mol H_2SO_4 中所含的氧原子数之比为________；所含 H 的物质的量之比为________。

2. 决定物质的体积大小的因素为________、________、________。

3. $2Al+3H_2SO_4 = Al_2(SO_4)_3+3H_2\uparrow$ 的反应中，若反应中生成了 1.5 mol H_2，则需消耗________ mol Al。

三、判断题

1. 标准状况下，任何气体的体积都约是 22.4 L。　　(　　)

2. 只有在标准状况下，1 mol 气体的体积约为 22.4 L。　　(　　)

3. 常温常压下，18 g 水中含有的分子数目为 N_A 个。　　(　　)

四、计算题

1. 某气态氧化物化学式为 RO_2，在标准状况下，1.28 g 该氧化物的体积是 448 mL，则氧化物的摩尔质量为多少？R 的相对原子质量为多少？

2. 如果 a g 某气体中含有的分子数为 b，则 c g 该气体在标准状况下的体积为多少？

3. 2 mol/L 的 NaCl 溶液 200 L 和 4 mol/L 的 $MgCl_2$ 溶液 100 L 混合，求混合后溶液中 Cl^- 的物质的量浓度。

4. 用 0.02 mol/L 的稀硫酸 500 mL 与足量的金属铁反应，求：

(1) 标准状况下，可生成的氢气体积是多少毫升？

(2) 消耗金属铁多少克？

第二章　化学物质与化学反应

章首语

人类赖以生存和发展的物质世界是极其丰富的，据统计人类发现和合成的化学物质已超过 3 000 万种。但是组成这些物质的元素并不多，到目前为止，人们已经发现的元素只有 110 多种。由这 110 多种元素组成的几千万种物质之间存在着丰富的内在的联系，对数以千万计的化学物质和为数更多的化学反应是如何分类的呢？本章我们将探索用不同的方式把纷繁复杂的物质进行分类，并了解多种常见化学反应的类型，特别是离子反应和氧化还原反应。

知识树

化学物质与化学反应
- 物质及其简单分类
  - 元素与物质的关系
  - 物质的简单分类
  - 分散系及其分类
- 电解质及离子反应
  - 电解质
  - 离子反应
- 氧化还原反应
  - 氧化还原反应
  - 氧化剂和还原剂

第一节　物质及其简单分类

一、元素与物质的关系

通过化学方法分析自然界中众多的物质，发现元素是物质的基本组成成分。每一种元素都能自身组成物质——单质，如氧气(O_2)、金属铁(Fe)等。一种元素可以与其他种类元素组成物质——化合物，如氧化钙(CaO)、氯化钠(NaCl)、硫酸(H_2SO_4)、碳酸氢铵(NH_4HCO_3)等。相同的元素可以组成不同的化合物，如铁元素和氧元素可以组成三氧化二铁(Fe_2O_3)、氧化亚铁(FeO)和四氧化三铁(Fe_3O_4)等。由于可以按照一定的规律以不同的种类和不同的方式进行组合，所以为数不多的元素能够组成种类繁多的物质。

由此可知，元素主要以游离态和化合态两种形式存在于物质中。例如，氧元素在氧气和臭氧中呈游离态，在水中呈化合态。绝大多数元素都有自己的单质和化合物，这些物质构成了这种元素的家族。

此外，物质的不同组分含量各不相同，如图 2－1。空气中含量最高的是氮元素，其次是氧元素；地壳中含量最高的是氧元素，其次是硅元素，之后依次是铝、铁、钙；而细胞中，无论是动物细胞还是植物细胞，含量最高的都是氧元素。

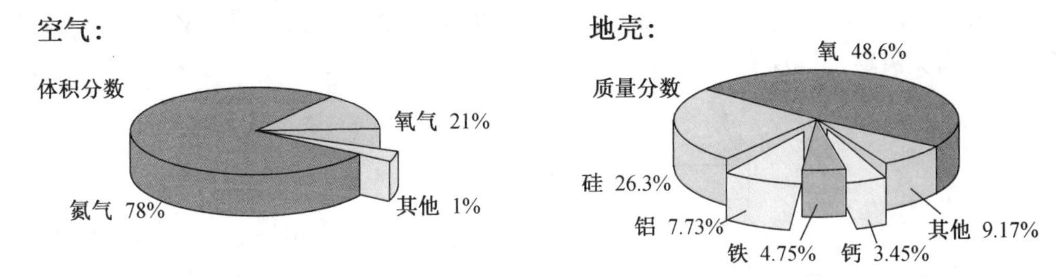

图 2－1　物质中各组分含量

二、物质的简单分类

分类就是把特征相似的物质放到一起。无论是超市还是图书馆，我们都可以快速找到自己需要的商品或书籍，这是因为人们对这些物品进行了分类放置，让物品有条理的同时，也能帮助需求者尽快达到自己的目的。分类也是学习和研究化学物质及其变化的一种常用的科学方法。运用分类的方法不仅能使有关化学物质及其变化的知识系统化，还可以通过分门别类的研究，发现物质及其变化规律，把握物质的本质属性和内在联系。

图 2－2　超市

图 2－3　图书馆

物质分类的标准是其组成及性质，物质可分为纯净物和混合物。环境中的空气、土壤、矿石等材料大多数是由多种物质混合而成，称为混合物；不含有其他成分的单一的物质称为纯净物。纯净物又可分为单质和化合物。

由同种元素组成的物质称为单质。单质可分为金属、非金属和稀有气体三类。金、银、铜、铁、锡等五种常见金属被人们俗称为“五金”；存在于温泉中的硫磺是自然界中的非金属单质，具有杀菌消毒作用，可以帮助治疗疥癣等皮肤病；稀有气体指氦、氖、氩、氪、氙、氡等，各种稀有气体在通电时会发出不同颜色的光，常用于制作广告霓虹灯。

由多种元素组成的物质称为化合物。化合物包括氧化物、酸、碱、盐等，如氧化钙

（CaO）、硫酸（H_2SO_4）、氢氧化钠（NaOH）、氯化钠（NaCl）等。

物质分类如图 2－4 所示，形状似树，这种分类方法叫树状分类法，分类标准唯一，同层次类别分类间相互独立，没有交叉。但用这种方法分类，有时不能深入认识物质的特性。如硫酸和盐酸都为酸类，但盐酸为一元酸，而硫酸为二元酸；其次，盐酸为无氧酸，而硫酸为含氧酸。如图 2－5 所示，根据同一种物质有时兼有多项特征的特点，可对物质进行交叉分类，即交叉分类法。交叉分类法分类角度多样，物质同类之间有交叉部分。盐酸既可以称为无氧酸，又可叫做一元酸。

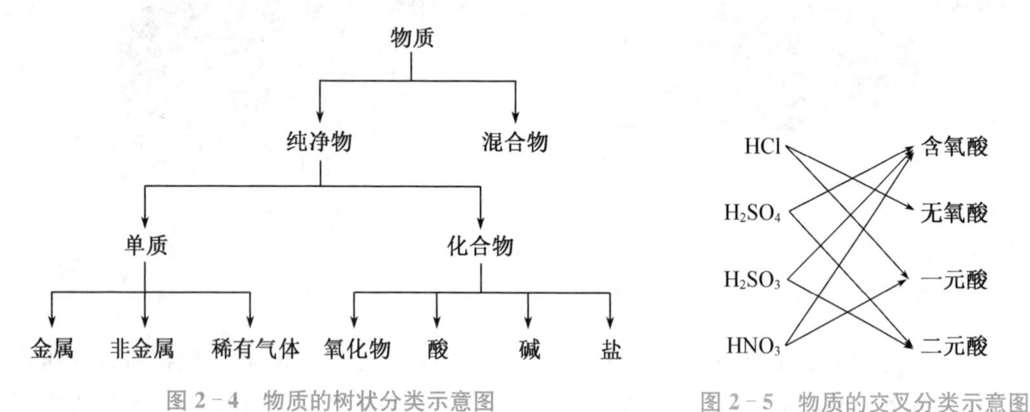

图 2－4　物质的树状分类示意图　　图 2－5　物质的交叉分类示意图

此外，还有许多的分类方法，例如，根据在水溶液中或熔融状态下是否导电，可将化合物分为电解质和非电解质；根据在某些化学反应中的表现，可将反应物分为氧化剂和还原剂，等等。另外，人们还根据被分散物质的颗粒大小，将混合物分为溶液、浊液和胶体。在后面的学习中，会逐步认识这些物质分类的方法。

三、分散系及其分类

把一种（或多种）物质分散到另一种（或多种）物质中所得到的体系（混合物）叫做分散系。前者属于被分散的物质，叫做分散质；后者起容纳分散质的作用，叫做分散剂。如盐水中，盐是分散质，水是分散剂。空气也是一个分散系，可被看作是由氧气、二氧化碳、水、稀有气体和尘埃等组成的分散质分散在氮气这种分散剂中。

按照分散质或分散剂所处的状态（固、液、气），它们之间可以形成九种组合方式（如图 2－6）。根据分散剂状态的不同，胶体可分为气溶胶、液溶胶和固溶胶。分散剂为气体的胶体是气溶胶，如空气、雾、霾等；分散剂为液体的胶体是液溶胶，如泡沫、医用酒精、糖水等；分散剂为固体的胶体是固溶胶，如塑料泡沫、珍珠、合金等。

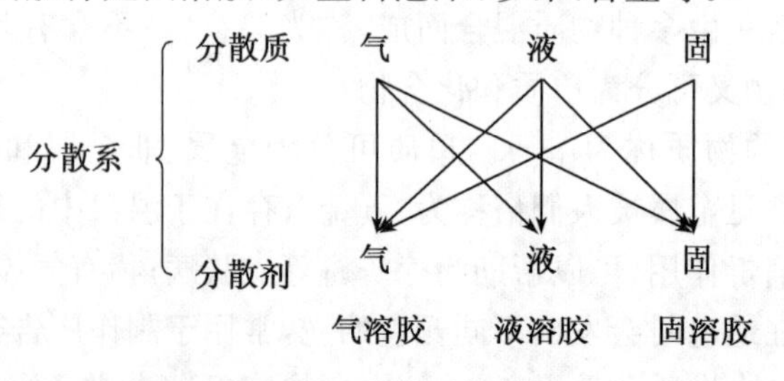

图 2－6　分散系的种类

气溶胶：雾　　液溶胶：泡沫　　固溶胶：烟水晶

图 2－7　日常中的溶胶

当分散剂是水或其他液体时，一般按照分散质粒子的大小，可以把分散系分为溶液、胶体和浊液（悬浊液和乳浊液）。溶液中的分散质（溶质）粒子直径通常小于 1 nm[①]，它们以分子或离子形式存在于分散剂中；浊液中的分散质粒子直径大于 100 nm，它们以分子集合体或离子集合体（固态或液态）的形式存在于分散剂中。分散质粒子直径介于 1～100 nm 之间的分散系则是胶体。

溶液是透明、均匀、稳定的，不论存放的时间有多长，一般情况下溶质不会与溶剂分离；浊液是不透明、不均匀、很不稳定的，久置以后，分散质将与分散剂分离，如河水夹带的泥沙会逐渐沉降；胶体介于二者之间，在一定条件下能稳定存在，属于介稳定体系。

由于分散在溶剂中的粒子的直径不同，我们可以用物理的方法将分子、离子与胶体粒子分开。例如，分子、离子可以通过用羊皮纸、肠衣、膀胱膜等制成的半透膜，而胶体粒子就不能通过。医学上的血液透析就是利用半透膜把血液中的一些有毒物质与血液分离而除去。但有些液态胶体也是透明的，用肉眼很难与溶液区别。那么，用什么方法能够将它们区分开来呢？

实验 2－1

如图 2－8，分别把激光射入硫酸铜溶液、氢氧化铁胶体和泥水浊液中，观察光线穿透的现象。

硫酸铜溶液

氢氧化铁胶体

泥水浊液

图 2－8　激光通过三种分散系

通过实验可以看到，硫酸铜溶液清澈透明，激光笔发出的强光在其中不留痕迹；泥水浊液很浑浊，激光在泥水浊液中被阻挡而逐渐减弱；氢氧化铁胶体中没有太大的微粒，外

① 纳米（符号为 nm）是长度单位，是 10 亿分之一米。

观透明,在入射光侧面可以看到一条光亮的“通道”。这条光亮的“通道”是由于胶体粒子对光线散射(光波偏离原来方向而分散传播)形成明亮的光区,这种现象叫做丁达尔现象或丁达尔效应。利用丁达尔效应是区分胶体与溶液的一种常用物理方法。

丁达尔现象是英国物理学家约翰·丁达尔(John Tyndall, 1820—1893)在1869年首先发现的,在日常生活中随处可见。例如,当阳光透过窗隙射入暗室,或者光线透过树叶间的缝隙射入密林中时,常常可以看到一道道光柱;放电影时,放映室射到银幕上的光柱的形成,这是因为云、雾、烟尘也是胶体,只是这些胶体的分散剂是空气,分散质是微小的尘埃或液滴。

图2-9 日常中的丁达尔现象

知识链接

电泳 胶体分散质微粒细小而具有巨大的表面积,能较强地吸附电性相同的离子,从而形成带电的微粒。这些微粒在外电场的作用下会发生定向移动,如氢氧化铁胶体带正电荷,在通电的情况下胶体微粒向直流电流的负极移动,这种现象称作电泳。同种胶体的微粒电性相同,在通常情况下,它们之间的相互排斥及布朗运动阻碍了胶体微粒变大,使得它们不易聚集成质量较大的颗粒而沉降下来。因此,胶体具有介稳定性。胶体的这种特性有着广泛的实用价值。例如,涂料、颜料、墨水的制造;电泳电镀就是利用电泳将油漆、乳胶、橡胶等微粒均匀地沉积在镀件上的。

聚沉 人们有时还需要将胶体粒子转变为悬浮粒子而沉降下来,这就需要破坏胶体的介稳定性。中和胶体粒子的电性是常用的方法之一。例如,当向胶体中加入可溶性盐时,其中的阳离子或阴离子能中和分散质微粒所带的电荷,从而使分散质聚集成较大的悬浮粒子,在重力的作用下形成沉淀析出。这种胶体形成沉淀析出的现象称作聚沉。加热或搅拌也可能引起胶体的聚沉。向豆浆中加入石膏制成豆腐;用明矾净水;用静电除尘器除去空气中的飘尘及微细的固体颗粒等都是胶体的聚沉在人类的生产和生活中的重要应用。

渗析 半透膜(如动物肠衣、膀胱膜、羊皮纸、玻璃纸等)具有比滤纸更细小的孔隙,只有分子、离子能穿过,胶体的分散质微粒直径介于1~100 nm之间,这样的微粒能够透过滤纸,而不能穿过半透膜。利用半透膜,使胶体跟混在其中的分子、离子分离的方法叫做渗析。在电场作用下进行溶液中带电溶质粒子(如离子、胶体粒子等)的渗析称作电渗析。常用渗析的方法来提纯、精制胶体溶液。目前,膜分离-渗析已经成为很有发展前景的高新技术之一,在微电子材料制造、化学工程、生物工程、环境工程、海水淡化等方面都有重要的应用。普通水经过电渗析,使水中原有的矿物质含量极大地降低,同时消毒灭菌,这样的水就成为了"纯净水"。

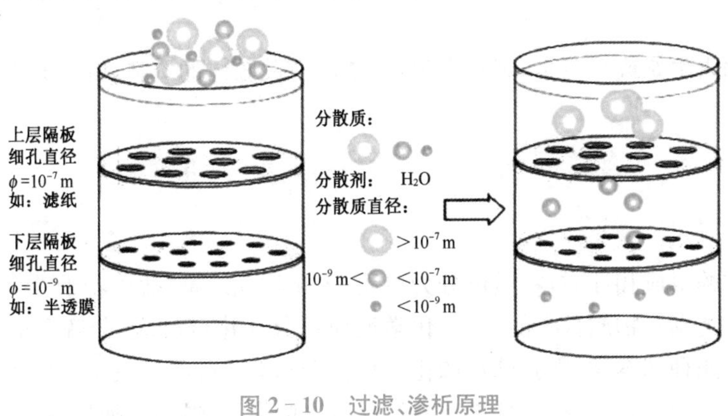

图 2-10 过滤、渗析原理

思考与练习

一、选择题

1. 牙膏常用碳酸钙($CaCO_3$)作摩擦剂,碳酸钙属于(　　)。

A. 酸　　B. 碱　　C. 盐　　D. 氧化物

2. 根据某种共性,可将 CO_2、SO_2 归为一类氧化物,下列物质中与它们属于同一类的是(　　)。

A. $CaCO_3$　　B. P_2O_5　　C. CuO　　D. $KMnO_4$

3. 下列分散系不属于胶体的是(　　)。

A. 食盐水　　B. 浑浊的空气　　C. 过滤后的泥水　　D. 鸡蛋清

4. 下列有关胶体的说法正确的是(　　)。

A. 可以向饱和氯化铁溶液中加入 NaOH 溶液制取氢氧化铁胶体

B. 可以通过丁达尔效应区别硫酸铜溶液和氢氧化铁胶体

C. 胶体、溶液、浊液的分类依据是分散系种类不同

D. "卤水点豆腐"、"血液的透析"均与胶体的聚沉有关

二、判断题

1. 酸性氧化物不一定是非金属氧化物,碱性氧化物都是金属氧化物。(　　)

2. 雾霾所形成的气溶胶没有丁达尔效应。(　　)

3. 丁达尔效应可以区别溶液与胶体。(　　)

4. 胶体区别于其他分散系的本质特征是胶体粒子不能透过半透膜。(　　)

三、填空题

请把下列物质分类(填序号),混合物:__________;纯净物:__________;单质:__________;金属:__________;非金属:__________;氧化物:__________;酸:__________;碱:__________;盐:__________。

① 空气　② 纯净水　③ 铁　④ 硫磺　⑤ 盐酸　⑥ 氢气　⑦ 硫酸　⑧ 石灰水　⑨ 食盐　⑩ 氢氧化钠

四、综合题

把橙汁倒入牛奶或豆浆中,观察现象,请查阅有关胶体的资料,解释原因。

第二节　电解质及离子反应

根据物质的组成和性质,物质可分为单质、氧化物、酸、碱、盐等若干类。同样,根据反应前后物质的类别及物质种类的多少,化学反应可分为化合反应、分解反应、置换反应和复分解反应等四种基本类型的反应,如化合反应表示有多种物质发生反应生成一种物质,而分解反应正好相反,表示有一种物质发生反应生成多种物质;置换反应是指由一种单质和一种化合物反应生成另一种单质和另一种化合物。但该分类方法有一定的局限性,不能反映化学反应的本质,也不可能包括所有的化学反应。因此,本节将从离子的角度来探索化学反应的本质。

一、电解质

实验 2-2

分别将下列物质进行导电性试验,观察现象。

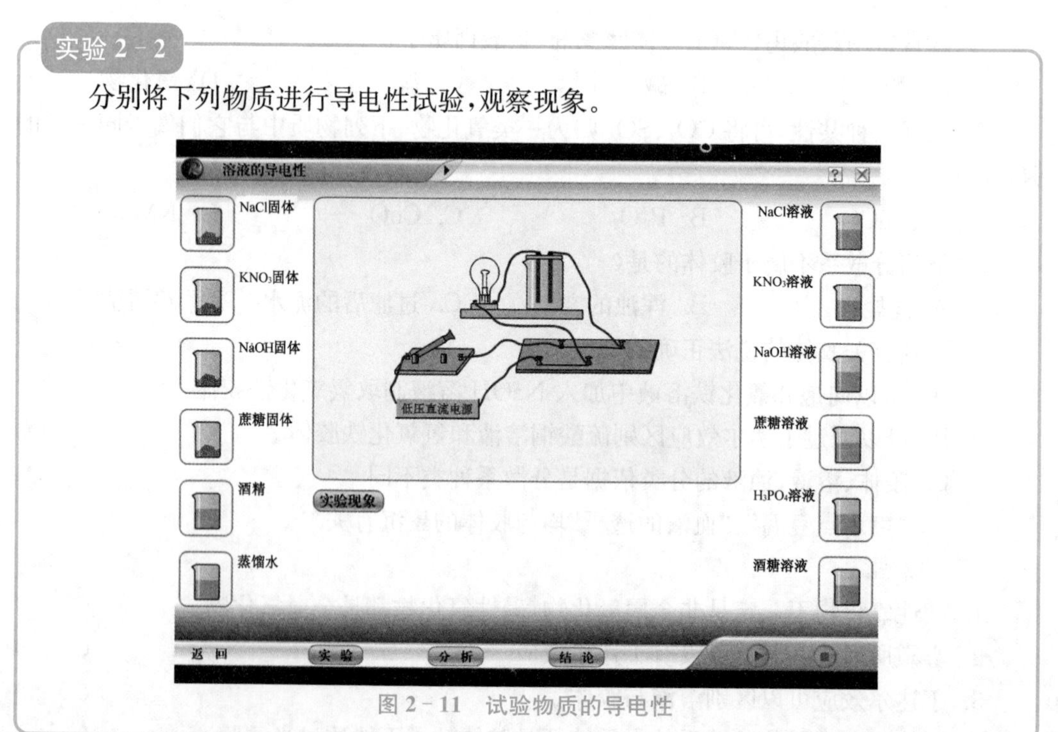

图 2-11　试验物质的导电性

在水溶液里或熔融状态下能够导电的化合物叫做电解质；在水溶液里和熔融状态下都不能够导电的化合物叫做非电解质。氯化钠、硝酸钾、氢氧化钠等固体都是电解质，在水溶液里或熔融状态下都能够导电。酸、碱、盐的水溶液能导电，是因为它们在水溶液中发生了电离，产生了自由移动的离子，在外加电源的作用下，带电的离子发生定向移动产生电流。

以电解质氯化钠为例，当氯化钠加入水中时，由于水分子的作用而减弱了氯化钠晶体中钠离子（Na^{+}）与氯离子（Cl^{-}）之间的静电作用力，使氯化钠晶体离解成自由移动的水合钠离子和水合氯离子；当受热熔化时，氯化钠晶体中的 Na^{+} 和 Cl^{-} 也能成为自由移动的离子。当外加电场时，Na^{+} 和 Cl^{-} 就会发生定向移动形成电流，因此氯化钠的水溶液和熔融的氯化钠能够导电。

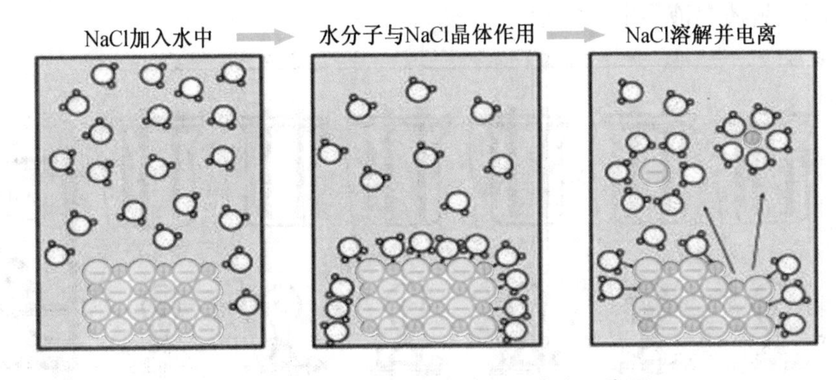

图 2－12　NaCl 在水中的溶解和电离示意图

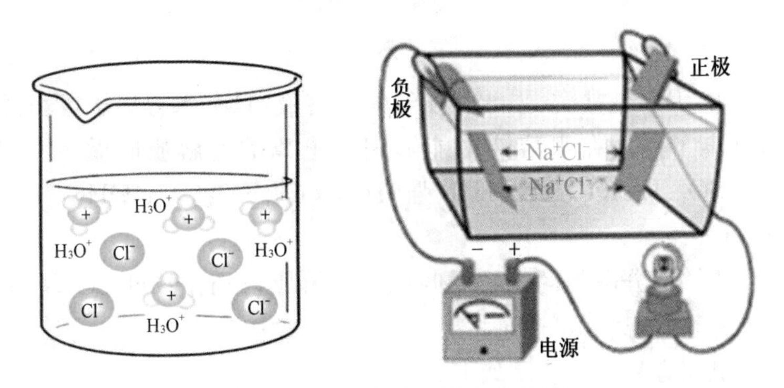

图 2－13　NaCl 水溶液导电原理

如氯化钠一样，电解质在水溶液或熔融状态下，离解成自由移动的离子的过程叫做电离。这一过程可以用**电离方程式**表示如下（为了简便起见，仍然用离子符号表示水合离子）：

$$NaCl = Na^{+} + Cl^{-}$$

像 HCl 这样的化合物在液态时虽不导电，但是溶于水后，在水分子的作用下也能全部电离成水合氢离子和水合氯离子。电离时，生成的阳离子全部是 H^{+} 的化合物称为酸；生成的阴离子全部是 OH^{-} 的化合物称为碱；电离时能生成金属离子（或铵离子 NH_4^{+}）和酸根离子的化合物称为盐。HCl、NaOH、$CuSO_4$ 的电离可以用离子方程式表示如下：

$$HCl = H^+ + Cl^-$$

$$NaOH = Na^+ + OH^-$$

$$CuSO_4 = Cu^{2+} + SO_4^{2-}$$

通过实验证明，酸、碱、盐、水和活泼金属氧化物在水溶液或熔融状态下可以导电，属于电解质。而单质、混合物、CO_2 和 NH_3 等能溶于水却不是自身电离的化合物，以及乙醇和蔗糖等大多数有机物都不是电解质。

实验 2－3

强、弱电解质溶液导电性实验。

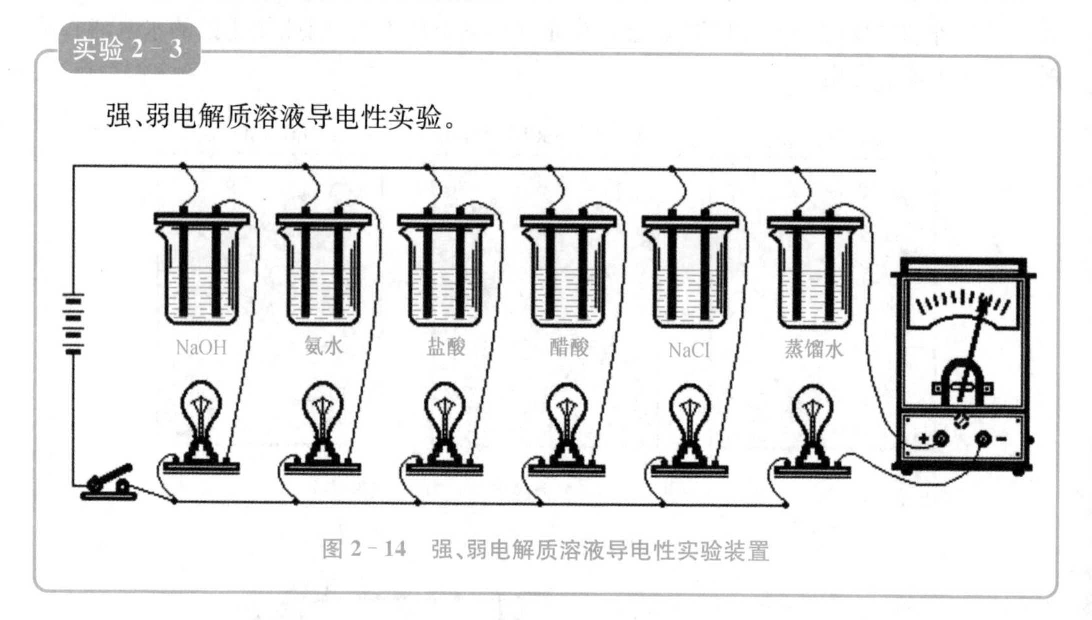

图 2－14　强、弱电解质溶液导电性实验装置

大量事实证明，大多数盐类、强酸和强碱的水溶液，只有水合离子，没有溶质分子，溶质分子是全部电离了的。在水溶液中能够完全电离的电解质叫做强电解质，如强酸(HCl、HNO_3、H_2SO_4、$HClO_4$、HBr、HI)、强碱($NaOH$、KOH、$Ca(OH)_2$、$Ba(OH)_2$)和大部分的盐($NaCl$、$CaCO_3$)。

在水溶液中能够部分电离的电解质叫做弱电解质，如弱酸(H_2CO_3、CH_3COOH)、弱碱($NH_3 \cdot H_2O$)和水，电离属可逆过程。

弱电解质的电离方程式可表示如下：

$$CH_3COOH \rightleftharpoons H^+ + CH_3COO^-$$

$$NH_3 \cdot H_2O \rightleftharpoons NH_4^+ + OH^-$$

二、离子反应

由于电解质在水中会发生电离，以离子形式存在，如果把不同的溶液混合，离子会依然存在吗？

实验 2－4

取四支小试管，按表 2－1 中图示操作，观察实验现象并解释原因。

表 2－1　离子反应实验

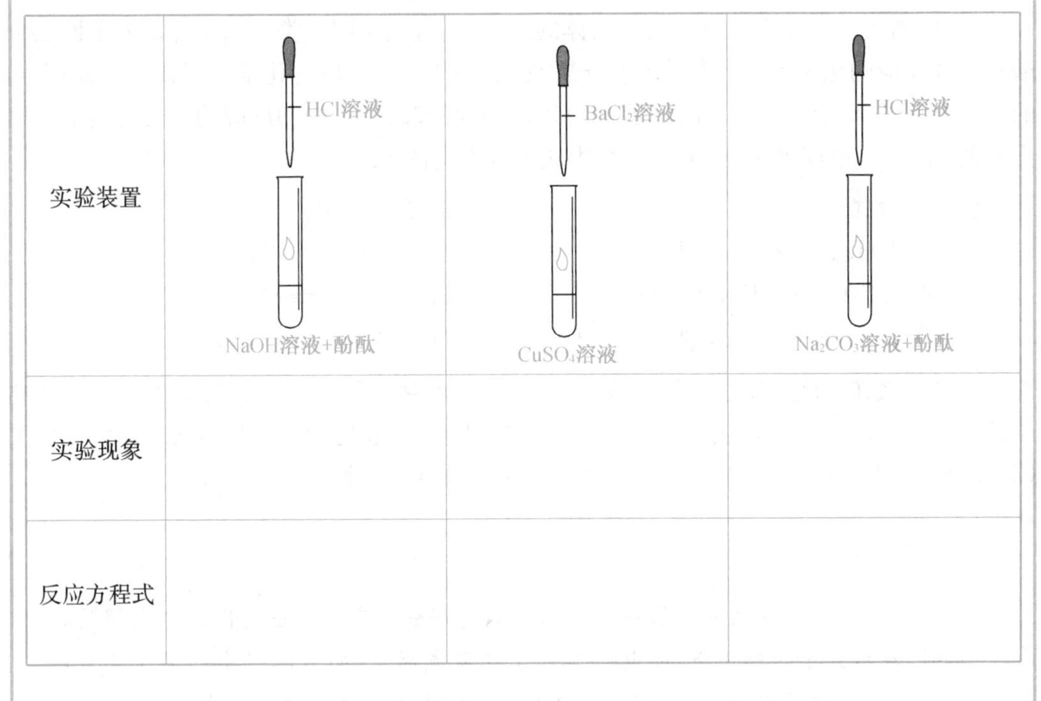

实验装置	HCl溶液 NaOH溶液+酚酞	$BaCl_2$溶液 $CuSO_4$溶液	HCl溶液 Na_2CO_3溶液+酚酞
实验现象			
反应方程式			

实验结果表明，把 HCl 溶液逐滴加入到 NaOH 溶液中，所得溶液中有大量的 Na^+、OH^-、H^+ 和 Cl^-，这些微粒在水分子无规则运动的冲撞下，会发生相互碰撞，其中部分 H^+ 和 OH^- 结合成难以电离的 H_2O，使溶液中的 H^+ 和 OH^- 不断减少，溶液由原来的碱性逐渐变为中性，而其余的 Na^+ 和 Cl^- 数量不变，即实际发生的反应是 H^+ 和 OH^- 结合成 H_2O。同理，若溶液中的不同离子发生碰撞形成沉淀或气体而离开原来的体系，则也使某类离子的数量发生变化而发生离子反应。如将 $BaCl_2$ 溶液滴入 $CuSO_4$ 溶液中，生成 $BaSO_4$ 沉淀，实质上是消耗了 Ba^{2+} 和 SO_4^{2-}，而 Cl^- 和 Cu^{2+} 数量维持不变。

这种有离子参加或生成的反应叫做**离子反应**，但并非所有存在离子的混合物都能发生离子反应，如在 $BaSO_4$ 和 NaCl 的混合溶液中，各种离子的数量没有改变，即没有发生离子反应。用实际参加反应的离子符号来表示反应的式子叫做**离子方程式**。

离子方程式书写步骤如下（以 $BaCl_2$ 和 $CuSO_4$ 的反应为例）：

（1）写出化学反应方程式：

$$BaCl_2 + CuSO_4 = BaSO_4\downarrow + CuCl_2$$

（2）拆解化合物，把易溶于水且易电离的物质写成离子的形式，保留难溶于水或难电离的物质以及气体、氧化物：

$$Ba^{2+} + 2Cl^- + Cu^{2+} + SO_4^{2-} = BaSO_4\downarrow + Cu^{2+} + 2Cl^-$$

(3) 删除方程两边相同的离子：

$$Ba^{2+}+SO_4^{2-} = BaSO_4\downarrow$$

(4) 检查式子，要求符合反应事实、原子守恒、电荷守恒、系数约成最简整数比。

此外，离子反应式不仅可以代表具体的反应，还可代表同一类型的反应。如下面三个酸碱中和反应的化学反应方程式和离子方程式，虽然每个反应的化学方程式不同，但它们的离子方程式却是相同的。由此，我们可以得知，酸和碱发生中和反应的实质是由酸电离出来的 H^+ 与碱电离出来的 OH^- 结合生成了难电离的 H_2O。

化学方程式：	离子方程式：
$NaOH+HCl = NaCl+H_2O$	$H^++OH^- = H_2O$
$KOH+HNO_3 = KNO_3+H_2O$	$H^++OH^- = H_2O$
$2NaOH+H_2SO_4 = Na_2SO_4+2H_2O$	$H^++OH^- = H_2O$

酸、碱、盐在溶液中发生的复分解反应，实际上就是两种电解质在溶液中相互交换离子的反应。离子反应的实质是溶液中的某些离子浓度降低，如生成分子(H_2O、CH_3COOH 等)、生成沉淀($Cu(OH)_2$ 等)、生成气体(CO_2 等)。

知识链接

电离平衡 为什么弱电解质溶于水时只有部分电离呢？这是因为弱电解质溶于水时，在水分子的作用下，弱电解质分子电离成离子，同时溶液中的离子又可以重新结合成弱电解质分子。因此，弱电解质的电离过程是可逆的。在一定条件(如温度、浓度)下，当弱电解质分子电离成离子的速率和离子重新结合成弱电解质分子的速率相等时，电离过程就达到了平衡状态，这就叫做电离平衡。

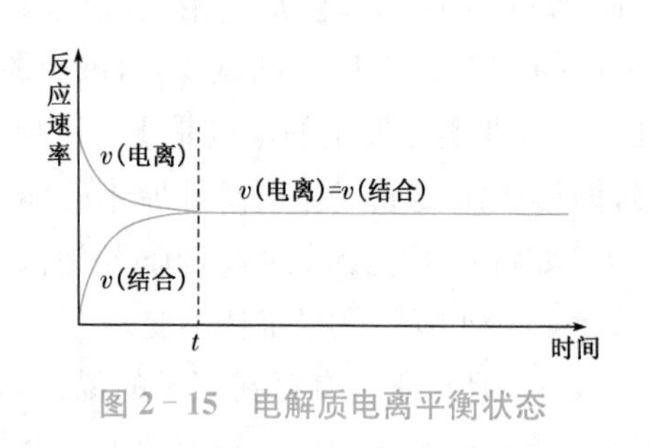

图 2-15　电解质电离平衡状态

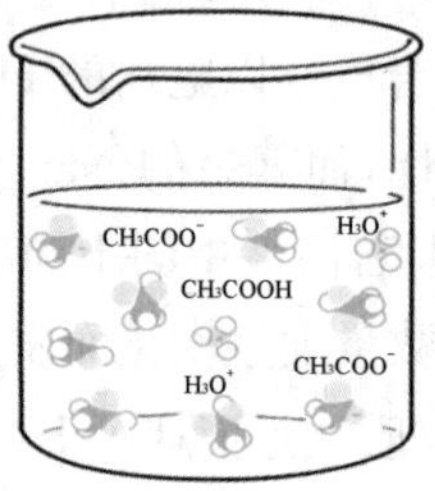

图 2-16　醋酸溶液的微观图

思考与练习

一、选择题

1. 某无色酸性溶液中，一定能够大量共存的离子组是(　　)。

A. Na^+、NH_4^+、SO_4^{2-}、Cl^-　　B. Na^+、K^+、SO_3^{2-}、NO_3^-

C. Fe^{2+}、Ba^{2+}、NO_3^-、Cl^-　　D. Cu^{2+}、Ba^{2+}、Cl^-、NO_3^-

2. 下列物质可以导电的是（　　）。

A. 氯化钠晶体　　B. 盐酸溶液　　C. 纯水　　D. 蔗糖溶液

3. 下列物质中，属于电解质的是（　　）。

A. H_2　　B. Al　　C. CH_4　　D. H_2SO_4

4. 下列化合物中，属于弱电解质的是（　　）。

A. H_2O　　B. HCl　　C. CH_4　　D. CH_3COONa

二、判断题

1. 金属能导电，它是电解质。（　　）

2. NaCl 溶液能导电，NaCl 溶液是电解质。（　　）

3. 液态氯化氢不导电，HCl 不是电解质。（　　）

4. SO_3 溶于水所得溶液导电，但 SO_3 不是电解质。（　　）

5. $BaSO_4$ 的水溶液不能导电，所以 $BaSO_4$ 是非电解质。（　　）

三、填空题

1. 现有下列十种物质：① 液氮；② 铜；③ 熔融 $NaHSO_4$；④ $Fe(OH)_3$ 固体；⑤ 盐酸；⑥ 蔗糖；⑦ 干冰；⑧ 红磷固体；⑨ AgCl；⑩ CH_3COOH 固体。

(1) 上述状态下能导电的是：__________。

(2) 属于强电解质的是：__________。

(3) 属于弱电解质的是：__________。

(4) 属于非电解质的是：__________。

2. 写出下列化学反应的离子方程式。

(1) 铁和氯化铁溶液反应：__________。

(2) 大理石和稀盐酸反应：__________。

(3) 铜与稀硝酸溶液反应：__________。

(4) 氯气与氢氧化钠溶液反应：__________。

第三节　氧化还原反应

化学反应从不同的角度可以有多种分类方法。根据反应中物质是得到氧还是失去氧，化学反应可分为氧化反应和还原反应。但把一个反应同时发生的两个过程人为地分割开来，是不够全面的，也不可能反映该类反应的本质。因此，本节将从电子的角度来探索化学反应的本质，科学地对化学反应进行分类。

一、氧化还原反应

氧化还原反应广泛存在于周围环境中，如动植物的呼吸作用、食物腐败、金属锈蚀、燃气燃烧、烟花爆竹燃放、炸弹爆炸等所发生的化学变化都属于氧化还原反应。

初中化学中曾介绍过一些简单的氧化还原反应，如氢气还原氧化铜等。此类反应中的物质在得到氧被氧化的同时，当中某种元素的化合价升高了，相反伴随物质失去氧被还

原时,当中某种元素的化合价降低了。如下式所示:

化合价升高,得到氧,被氧化,发生氧化反应

$$\overset{+2}{Cu}O + \overset{0}{H_2} \xlongequal{\triangle} \overset{0}{Cu} + \overset{+1}{H_2}O$$

化合价降低,失去氧,被还原,发生还原反应

由此可知:在氧化还原反应中一定有元素化合价的变化。导致氧化还原反应中元素化合价改变的原因是什么?在初中化学中学过,元素化合价的升降与电子得失或偏离有密切关系,由此可以推断,氧化还原反应与电子的转移有密切的关系。因此,要揭示氧化还原反应的本质,还需要从微观的角度来认识电子转移与氧化还原反应的关系。

以钠与氯气反应生成氯化钠的反应为例。钠原子失去电子,形成钠离子;而氯原子得到电子,形成氯离子,钠离子与氯离子通过静电作用结合成氯化钠,如图 2-17 所示。

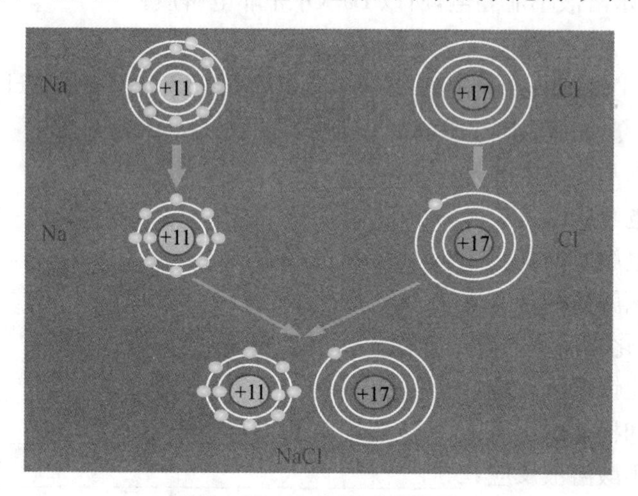

图 2-17 NaCl 形成示意图

氢气与氯气的反应中(图 2-18),氢原子的最外电子层上有 1 个电子,氯原子的最外电子层上有 7 个电子。当氢气与氯气反应时,形成了氯化氢(HCl)共价化合物。其中,共用电子对偏离氢,氢元素化合价从 0 升高到 +1,被氧化,发生氧化反应;共用电子对偏向氯,氯元素的化合价从 0 降到 -1,被还原,发生还原反应。

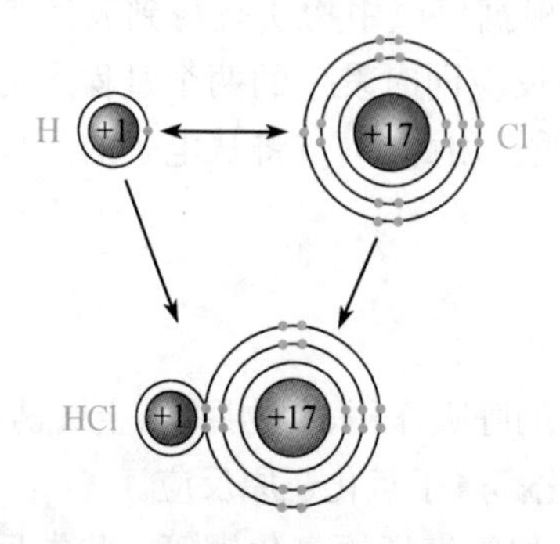

图 2-18 HCl 形成过程

共用电子对偏向,化合价降低,发生还原反应

$$\overset{0}{H_2} + \overset{0}{Cl_2} \xlongequal{点燃} 2\overset{+1}{H}\overset{-1}{Cl}$$

共用电子对偏离,化合价升高,发生氧化反应

从本质上定义，氧化还原反应是一类有电子转移（得失或偏离）的化学反应。而原子间或原子与离子间的电子转移必然引起元素化合价的变化。因此，氧化还原反应也可定义为是一类有元素化合价升高和降低的化学反应，我们也可以通过元素化合价是否发生变化来判断一个反应是不是氧化还原反应。

在氧化还原反应中，我们通常用“双线桥”法来表示电子转移的过程。具体步骤（以钠和氯气反应生成氯化钠反应为例）：

（1）标出变价元素的化合价。

$$2\overset{0}{Na} + \overset{0}{Cl_2} = 2\overset{+1}{Na}\overset{-1}{Cl}$$

（2）用双箭号表示，箭头从反应物指向生成物的同一种元素。

$$2\overset{0}{Na} + \overset{0}{Cl_2} = 2\overset{+1}{Na}\overset{-1}{Cl}$$

（3）标出“失去”、“得到”的电子总数。

失去 $2\times e^-$，化合价升高，被氧化

$$2\overset{0}{Na} + \overset{0}{Cl_2} = 2\overset{+1}{Na}\overset{-1}{Cl}$$

得到 $2\times e^-$，化合价降低，被还原

二、氧化剂和还原剂

在氧化还原反应中，所含元素的化合价降低的反应物，称为氧化剂；所含元素的化合价升高的反应物，称为还原剂。氧化剂和还原剂作为反应物共同参加氧化还原反应。在反应中，电子从还原剂转移到氧化剂，还原剂具有还原性，本身被氧化；氧化剂具有氧化性，本身被还原。

例如，对于下列反应：

$$\overset{0}{H_2}\ (\text{还原剂}) + \overset{+2}{Cu}O\ (\text{氧化剂}) \xrightarrow{\triangle} Cu + \overset{+1}{H_2}O \quad (2e^-)$$

$$\overset{0}{H_2}\ (\text{还原剂}) + \overset{0}{Cl_2}\ (\text{氧化剂}) \xrightarrow{\text{点燃}} 2\overset{+1}{H}\overset{-1}{Cl} \quad (2e^-)$$

根据物质中所含元素的化合价，可以推测该物质具有氧化性还是还原性，它们在氧化还原反应中可作氧化剂还是还原剂。例如，高锰酸钾（$KMnO_4$）中锰元素显＋7 价，即显锰的最高化合价，所以高锰酸钾具有氧化性，可作氧化剂；碘化钾（KI）中碘元素显－1 价，即碘元素的最低化合价，所以碘化钾具有还原性，可作还原剂；双氧水（H_2O_2）中氧元素显－1 价，它既可以升高为零价又可以降低为－2 价，所以双氧水既可作还原剂又可以作氧

化剂。一种物质在氧化还原反应中究竟是作氧化剂还是还原剂，需要考虑与之反应的物质的氧化性或还原性的相对强弱。

在基础化学里，常见的氧化剂有 O_2、Cl_2 等活泼的非金属单质，硝酸、浓硫酸等含有较高价态元素的含氧酸，以及高锰酸钾、氯酸钾、氯化铁等含有较高价态元素的盐。常见的还原剂有活泼的金属单质，碳、氢气等非金属单质，以及一些含有较低价态元素的氧化物和盐(如 CO、SO_2、$FeSO_4$ 等)。

氧化还原反应在生产、生活中有着广泛的应用。例如，金属的冶炼、电镀、燃料的燃烧等。但并不是所有的氧化还原反应都能造福于人类，有些氧化还原反应给人类带来危害，例如，易燃物的自燃、食物的腐败、钢铁的锈蚀等。因此，应该学会科学、合理地运用化学知识，趋利避害，更好地为社会的进步、科学技术的发展和人类生活质量的提高服务。

知识链接

金属冶炼　把金属从化合态变为游离态的过程叫做金属冶炼。用碳、一氧化碳、氢气等还原剂与金属氧化物在高温下发生还原反应，获得金属单质。

$$Fe_2O_3 + 3CO \xlongequal{高温} 2Fe + 3CO_2$$

$$C + O_2 \xlongequal{点燃} CO_2$$

$$C + CO_2 \xlongequal{点燃} 2CO$$

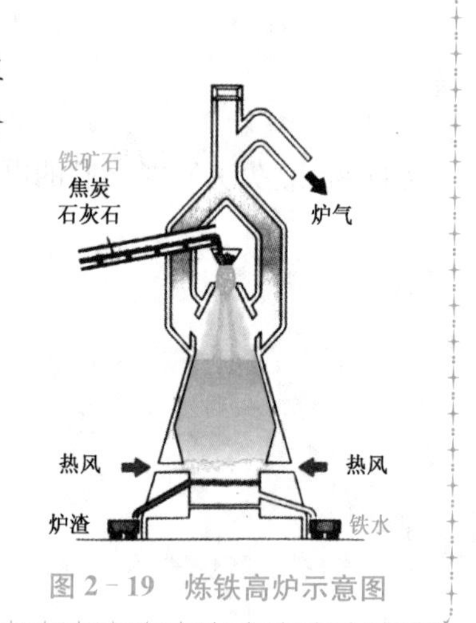

图 2-19　炼铁高炉示意图

思考与练习

一、选择题

1. 下列属于常见的氧化剂的是(　　)。

   A. 氧气　　B. 稀有气体　　C. 氢气　　D. 氮气

2. 下列物质常用作还原剂的是(　　)。

   A. 硝酸　　B. 高锰酸钾　　C. 氯气　　D. 硫酸亚铁

3. 下列属于氧化还原反应的是(　　)。

   A. $NaOH + HNO_3 \xlongequal{} NaNO_3 + H_2O$

   B. $SO_3 + H_2O \xlongequal{} H_2SO_4$

   C. $2NaHCO_3 \xlongequal{\triangle} Na_2CO_3 + CO_2\uparrow + H_2O$

   D. $2Na + 2H_2O \xlongequal{} 2NaOH + H_2\uparrow$

4. 下列反应中必须加入还原剂才能进行的是(　　)。

A. $Cl_2 \longrightarrow Cl^-$　　B. $Zn \longrightarrow Zn^{2+}$

C. $H_2 \longrightarrow H_2O$　　D. $CuO \longrightarrow CuCl_2$

二、判断题

1. 复分解反应一定不是氧化还原反应。(　　)
2. 氧化还原反应一定有元素化合价的升降。(　　)
3. 氧化还原反应中氧化剂和还原剂可能是同一种物质。(　　)
4. 氧化剂失电子,被还原。(　　)

三、填空题

1. 在 $Cu+4HNO_3$(浓)$=\!=\!= Cu(NO_3)_2+2NO_2\uparrow+2H_2O$ 的反应中,作为氧化剂的物质是__________,发生了氧化反应的物质是__________(填化学式)。

2. 已知反应 $PbS+O_2 \xlongequal{\triangle} Pb+SO_2$,请用单线桥法标出电子转移的方向和数目:____________________;其中,氧化剂是________,还原剂是________,氧化产物是________,还原产物是________。

3. 在氧化还原反应中,反应物中的某元素化合价升高,则该反应物发生________反应(填“氧化”或“还原”,下同),是__________剂;从电子转移角度分析________剂得到电子,发生________反应。

四、综合题

1. 用双线桥表示下列氧化还原反应的化合价升降及电子转移情况。

(1) $Cu+2H_2SO_4$(浓)$=\!=\!= CuSO_4+SO_2\uparrow+2H_2O$

(2) $SO_2+2H_2S =\!=\!= 2H_2O+3S$

(3) $3Cl_2+8NH_3 =\!=\!= 6NH_4Cl+N_2$

2. 我国古代炼铁的方法是在高温下,利用炭与氧气反应生成的一氧化碳把铁从铁矿石中还原出来,列出相关的反应式,分析其中的氧化剂和还原剂分别是什么?

本章小结

一、物质及其简单分类

1. 两种常用的分类方法:

- 树状分类:标准唯一,没有交叉。
- 交叉分类:角度多样,有交叉。

2. 分散系及其分类

分散系:
- 溶液:溶质微粒直径小于 1 nm,包括气体溶液、固体溶液、液体溶液。
- 胶体:分散质微粒直径介于 1～100 nm,包括气溶胶、固溶胶、液溶胶。
- 浊液:分散质微粒直径大于 100 nm,包括悬浊液、乳浊液。

3. 三种分散系的异同

分散系		溶液	胶体	浊液	
				悬浊液	乳浊液
组成		溶质溶解在溶剂里，形成均一、透明液体	分子聚集体分散在液体里，形成澄清透明液体	固体小颗粒悬浮在液体里，形成混合物	小液滴分散在另一种液体里，形成混合物
分散质粒子的直径		＜1 nm	1 nm～100 nm	＞100 nm	＞100 nm
分散质粒子的组成		分子或离子	许多分子的聚集体或高分子	巨大数量的分子的聚集体	基本上同悬浊液
性质特征	外观	均一、透明	多数均一、透明	不均一、不透明	不均一、不透明
	稳定性	稳定	较稳定	不稳定	不稳定
实例		食盐水、蔗糖溶液、酒精等溶液	蛋白液、淀粉液、$Fe(OH)_3$ 胶体	泥水	油水、液态农药

4. 胶体是一种常见的分散系，具有丁达尔效应。利用丁达尔效应可以区分胶体和溶液。

二、电解质及离子反应

1. 电解质：在水溶液里或熔融状态下能够导电的化合物。

- 物质
  - 纯净物
    - 单质
    - 化合物
      - 电解质：水、酸、碱、盐、活泼金属氧化物
      - 非电解质：乙醇、甘蔗等大多数有机物
  - 混合物

2. 离子反应：有离子参加或生成的反应(复分解反应或有离子参加的置换反应)。

3. 离子方程式：用实际参加反应的离子符号来表示反应的式子(“写”、“拆”、“删”、“查”)。

4. 离子反应的实质是溶液中的某些离子浓度降低，如生成分子(H_2O、CH_3COOH 等)、生成沉淀($Cu(OH)_2$ 等)、生成气体(CO_2 等)。

三、氧化还原反应的实质和现实意义

1. 氧化还原反应的实质：氧化还原反应是一类有电子转移(得失或偏离)的化学反应。原子间或原子与离子间的电子转移必然引起元素化合价的变化。因此，可以通过元素化合价是否发生变化来判断一个反应是不是氧化还原反应。

2. 氧化剂与还原剂：氧化剂是指在氧化还原反应中被还原的物质，得电子，元素化合价降低，被还原；还原剂是指反应中被氧化的物质，失电子，元素的化合价升高，被氧化。氧化剂常用作助燃剂、杀菌消毒剂等；还原剂常用于冶金等。

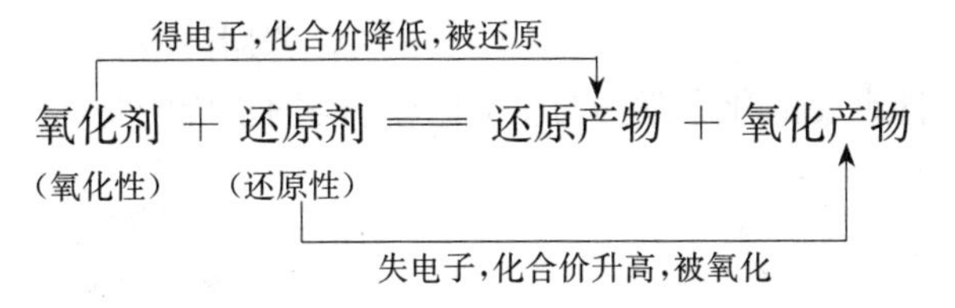

口诀："失—升—氧，得—降—还，若是剂，两相反"。

章节测试

一、选择题

1. 下列属于碱性氧化物的是（　　）。

A. 过氧化钠　　B. 氧化镁　　C. 二氧化硅　　D. 一氧化碳

2. 下列关于浊液、胶体和溶液的说法不正确的是（　　）。

A. 浊液不稳定、久置易分层或沉淀

B. 氢氧化铁胶体是纯净物

C. 浊液、胶体、溶液的本质区别在于它们的分散质粒子直径大小不同

D. 胶体可产生丁达尔效应，而溶液不可以

3. 表中分类正确的是（　　）。

选项	单质	酸	碱	胶体
A	水银	硝酸	纯碱	蛋白质溶液
B	溴水	磷酸	烧碱	烟
C	C_{60}	醋酸	熟石灰	雾
D	臭氧	碳酸	氢氧化铜	氢氧化铁沉淀

4. 加入氢氧化钾后，溶液中原有离子的数目显著减少的是（　　）。

A. 氢离子　　B. 钡离子　　C. 钠离子　　D. 氯离子

5. 下列反应中，不属于氧化还原反应的是（　　）。

A. $CH_4+2O_2 \xlongequal{点燃} CO_2+2H_2O$　　B. $2CO+O_2 \xlongequal{点燃} 2CO_2$

C. $2KClO_3 \xlongequal[\triangle]{MnO_2} 2KCl+3O_2\uparrow$　　D. $Cu(OH)_2 \xlongequal{\triangle} CuO+H_2O$

6. 下列属于常见还原剂的是（　　）。

A. 黄金　　B. 氯气　　C. 氧化铜　　D. 一氧化碳

7. 下列各组离子组合中，能大量共存的是（　　）。

A. Na^+、K^+、OH^-、Cl^-　　B. Cu^{2+}、K^+、OH^-、NO_3^-

C. H^+、Ba^{2+}、Cl^-、OH^-　　D. K^+、CO_3^{2-}、NO_3^-、H^+

8. 下列可以导电的物质是（　　）。

A. 氯化钠晶体　　B. 盐酸溶液

C. 纯水　　D. 蔗糖溶液

9. 分类法是一种重要的化学学习方法,下列分类图正确的是(　　)。

A.

B.

C.

D.

9. 下列有关氧化还原反应的叙述中,正确的是(　　)。

A. 一定有氧元素参加　　B. 氧化反应一定先于还原反应发生

C. 一定有电子的得失　　D. 一定有化合价的升降

10. 某元素在化学反应中由化合态(化合物)变为游离态(单质),则该元素(　　)。

A. 一定被氧化　　B. 一定被还原

C. 可能被氧化,也可能被还原　　D. 以上都不是

二、判断题

1. 在外界条件不变的情况下,胶体有很强的稳定性。(　　)

2. 来自江、河、湖泊的水都是混合物。(　　)

3. 大气中出现的雾、烟、霾都属于胶体。(　　)

4. 在分解反应中,有单质生成的反应一定是氧化还原反应。(　　)

5. 金属单质在化学反应中常作氧化剂。(　　)

6. 电解质是可以导电的物质。(　　)

7. 所有电解质在水中全部电离成离子。(　　)

8. 离子反应式代表同一类的反应,化学方程式仅代表某个化学反应。(　　)

9. 在氧化还原反应中,氧化剂是被氧化的物质。(　　)

10. 在一个化学反应中,氧化剂和还原剂是共同存在的。(　　)

三、填空题

1. 饱和 $FeCl_3$ 溶液滴入沸水中,可观察到液体颜色为__________,这是形成了__________胶体的缘故。当一束光通过该胶体时,可以观察到一条光亮的__________,这种现象叫做__________效应,这条“通路”是由于胶体粒子对光线__________形成的。利用这个效应可以区分________和________。放电影时,放映室射到银幕上的光柱的形成就是__________。

2. 写出下列物质在水溶液中的电离方程式。

HNO_3:____________________。

KOH:____________________。

Na_2CO_3:____________________。

CH_3COOH：________________________________。

3. 写出下列离子反应方程式。

氢氧化钾和硫酸反应：________________________________。

硫酸钠和氯化钡反应：________________________________。

碳酸钠和盐酸反应：________________________________。

实验室制氢气：________________________________。

氯化铁溶液中加铁粉：________________________________。

实验室制二氧化碳：________________________________。

氯化镁和氢氧化钠：________________________________。

4. 火药是中国的“四大发明”之一，永远值得炎黄子孙骄傲，也永远会激励着我们去奋发图强。黑火药在发生爆炸时，会发生如下反应：$2KNO_3+C+S = K_2S+2NO_2\uparrow+CO_2\uparrow$，其中被还原的元素是________，还原剂是________，被氧化的元素是________，氧化剂是________，每 1 mol S 在反应中转移的电子数是________。

5. 下列物质中，____________属于电解质，____________是非电解质，____________既不是电解质也不是非电解质，____________是强电解质，____________是弱电解质。

① NaCl　② NaOH　③ H_2SO_4　④ H_2O　⑤ 盐酸溶液　⑥ 小苏打($NaHCO_3$)　⑦ Fe　⑧ $Cu(OH)_2$　⑨ Na_2O　⑩ CO_2　⑪ 蔗糖　⑫ 乙醇　⑬ H_2CO_3

第三章　典型的金属和非金属

章首语

我们知道元素可以分为金属元素和非金属元素两大类，金属和非金属的性质各不相同。本章将通过观察元素性质实验的现象，了解典型金属——碱金属、非金属——卤素的性质和用途；在学习探讨中提高观察、分析问题的能力。通过典型的金属和非金属元素的结构、性质比较，找到相似和不同的原因，树立结构决定性质的观念，在学习中培养量变到质变的辩证唯物主义思想，为下一章学习元素周期律知识打基础。

知识树

- 典型的金属和非金属
  - 碱金属
    - 钠及其相关化合物
    - 碱金属元素基本性质及焰色反应
  - 卤素
    - 氯气相关性质、氯离子的检验
    - 卤族元素相关性质

第一节　钠

钠的化合物在自然界里分布很广，土壤中、天然水中以及动植物体中都存在着钠的化合物。但是在自然界却找不到单质状态(游离态)的金属钠。1807 年英国化学家汉弗莱·戴维通过电解熔融的氢氧化钠首次制出单质钠之后，人们才逐渐了解钠的状态和性质。

一、钠的性质

1. 物理性质

实验 3-1

用镊子取一小块金属钠，用滤纸擦干表面煤油后，用小刀切去一端的表层，观察钠的颜色。

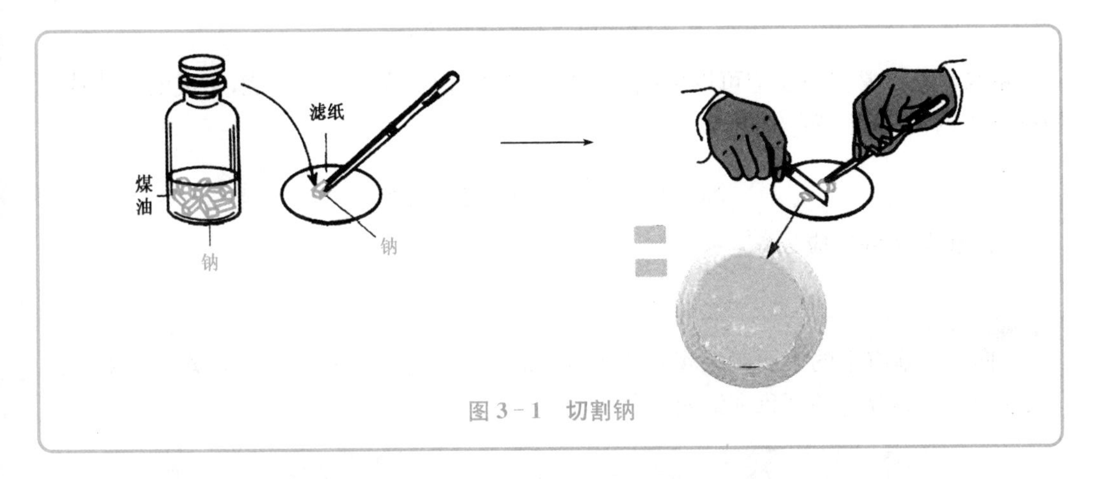

图 3－1　切割钠

根据上述实验和观察，填写表 3－1 中的空白。

表 3－1　钠的物理性质

颜色	状态	密度/kg・m^{-3}	硬度(大、小)	熔点/℃	沸点/℃
		0.97×10^3		97.81	882.9

从实验和表 3－1 可知，金属钠质地较软，可用刀切割；切开的表层可以看到钠呈银白色，有金属光泽。钠的密度小于水的密度(1×10^3 kg・m^{-3})，是一种很轻的金属。钠的熔点较低，尚不足 100 ℃。此外，钠还是良好的导电体和导热体。

2. 化学性质

钠原子的最外电子层上只有 1 个电子，在化学反应中这个电子很容易失去，因此钠的化学性质非常活泼，能与氧气等许多非金属以及水等反应。

(1) 钠与氧气的反应

实验 3－2

观察实验 3－1 中放置于滤纸上的钠表面有何变化。把一小块钠放在坩埚中加热，观察发生的现象。

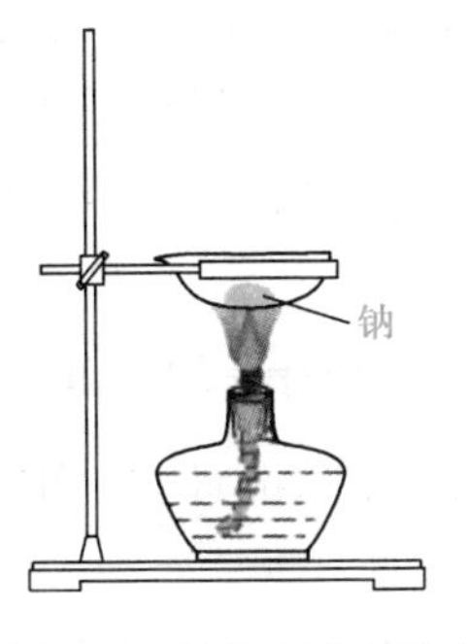

图 3－2　钠在空气中燃烧

通过实验我们可以看出，新切开的钠表面光亮，但很快就变暗了。这是由于钠与氧气发生反应，表面生成了一薄层氧化物所造成的。

$$4Na+O_2 \xlongequal{} 2Na_2O$$

钠与氧气在常温下反应可以生成白色的氧化钠，但钠在空气中燃烧，生成的是淡黄色的过氧化钠，并发出黄色火焰。

$$2Na+O_2 \xlongequal{点燃} Na_2O_2（过氧化钠）$$

（2）钠与水的反应

实验 3－3

向一个盛有水的表面皿里滴入几滴酚酞试液，然后把一小块钠（约为黄豆粒大）投入水中。观察反应的现象和溶液颜色的变化。

图 3－3　钠与水的反应

根据观察到的实验现象完成表 3－2。

表 3－2　钠与水的反应

现　象	结　论
①	
②	
③	
④	

因为钠的密度比水小，钠与水的反应放出大量的热和氢气，使钠熔成一个银白色的小球，而且快速在水面上移动，直到反应结束。钠跟水反应时，烧杯里滴有酚酞的水溶液由无色变成红色，这说明反应中有碱性物质生成，这种生成物是氢氧化钠。这个反应的化学方程式为：

$$2Na+2H_2O \xlongequal{} 2NaOH+H_2\uparrow$$

由于钠很容易跟空气里的氧气和水反应，因此，钠需要存放在煤油或液态石蜡中，使它跟空气、水隔绝。

钠和钾的合金（钾的质量分数为 50%～80%）在室温下呈液态，是原子反应堆的导热剂。钠是一种很强的还原剂，可以把钛、锆、铌、钽等金属从它们的卤化物里还原出来。钠也应用在电光源上，钠灯发出的黄光透雾能力强，用作路灯时，照度比高压水银灯高几倍。钠还可以用来制取过氧化钠等化合物。

二、钠的过氧化物和常见的盐

1. 过氧化钠

过氧化钠是淡黄色粉末，它具有强氧化性，在熔融状态时遇到棉花、炭粉等易燃物质会发生爆炸。因此，存放时应注意安全，不能与易燃物接触。它易吸潮，遇水或稀酸时会发生反应，生成氧气。

$$2Na_2O_2+2H_2O=\!=\!=4NaOH+O_2\uparrow$$

$$2Na_2O_2+2H_2SO_4(\text{稀})=\!=\!=2Na_2SO_4+O_2\uparrow+2H_2O$$

它能与 CO_2 作用，放出 O_2。

$$2Na_2O_2+2CO_2=\!=\!=2Na_2CO_3+O_2$$

根据这个性质，可将它用在呼吸面具上或潜水艇、宇宙飞船里，将人们呼出的 CO_2 转换成 O_2。过氧化钠具有强氧化性，可用于漂白织物、麦秆、羽毛等，也可用于杀菌消毒。

2. 碳酸钠和碳酸氢钠

碳酸钠(Na_2CO_3)俗名纯碱或苏打，是白色粉末，易溶于水，水溶液呈碱性。碳酸钠晶体含结晶水，化学式是 $Na_2CO_3\cdot 10H_2O$。在空气中碳酸钠晶体很容易风化失去结晶水，逐渐碎成粉末。碳酸钠是化学工业的重要产品之一，有很多用途。它广泛地用于玻璃制造、造纸、纺织等工业中，也可用来制造其他钠的化合物。

碳酸氢钠($NaHCO_3$)俗名小苏打，是一种细小的白色晶体，易溶于水，水溶液也呈碱性。碳酸钠比碳酸氢钠容易溶解于水。碳酸氢钠是焙制面包、糕点所用的发酵粉的主要成分之一；在医疗上，它是治疗胃酸过多的一种药剂。

碳酸钠和碳酸氢钠遇到盐酸都能放出二氧化碳。

实验 3－4

把少量盐酸分别加入盛有碳酸钠和碳酸氢钠的试管里，观察反应发生的现象。

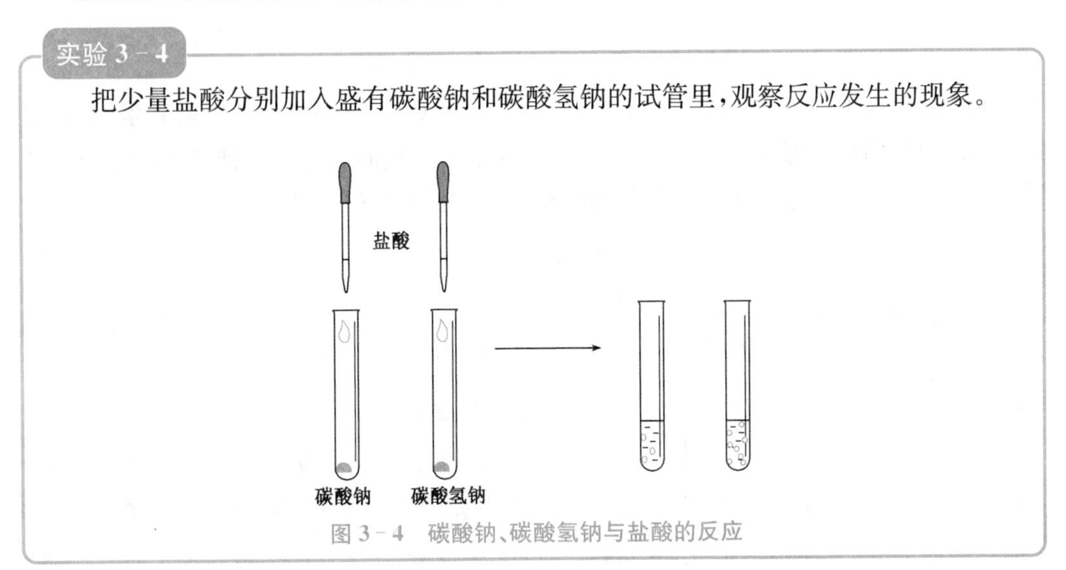

图 3－4　碳酸钠、碳酸氢钠与盐酸的反应

可以看到，反应中两个试管里都产生了气体，但碳酸氢钠与稀盐酸的反应要比碳酸钠与稀盐酸的反应剧烈得多。

$$Na_2CO_3+2HCl = 2NaCl+H_2O+CO_2\uparrow$$
$$NaHCO_3+HCl = NaCl+H_2O+CO_2\uparrow$$

实验 3－5

如图 3－5 所示，试管中装入约占试管体积 1/6 的碳酸钠，小试管中加入石灰水。加热试管，观察澄清的石灰水是否起变化；然后换用碳酸氢钠做同样的试验。

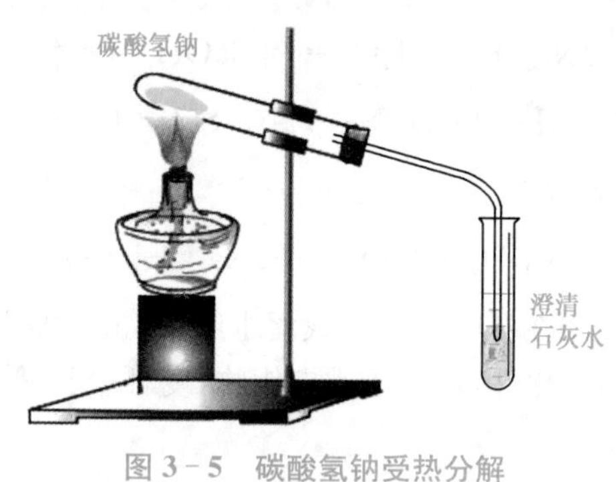

图 3－5　碳酸氢钠受热分解

碳酸钠受热没有变化，碳酸氢钠受热后，放出了二氧化碳气体。这个实验说明 Na_2CO_3 很稳定，$NaHCO_3$ 不稳定，受热容易分解。

$$2NaHCO_3 \xlongequal{\triangle} Na_2CO_3+H_2O+CO_2\uparrow$$

可以用这个反应来鉴别碳酸钠和碳酸氢钠。

第二节　碱金属元素

碱金属包括锂（Li）、钠（Na）、钾（K）、铷（Rb）、铯（Cs）、钫（Fr）几种金属元素，它们的氧化物的水化物都是可溶于水的强碱，故统称碱金属。我们已经知道钠是非常活泼的金属，观察表 3－3，钠与锂、钾、铷、铯等其他碱金属又有怎样的内在联系呢？

表 3－3　碱金属的结构、物理性质

元素名称	元素符号	核电荷数	电子层数	最外层电子数	原子半径 /nm	颜色和状态	密度 /kg·m^{-3}	熔点 /℃	沸点 /℃
锂	Li	3	2	1	0.152	银白色，柔软	0.534×10^3	180.5	1 347
钠	Na	11	3	1	0.186	银白色，柔软	0.97×10^3	97.81	882.9
钾	K	19	4	1	0.227	银白色，柔软	0.86×10^3	63.65	774
铷	Rb	37	5	1	0.248	银白色，柔软	1.532×10^3	38.89	688
铯	Cs	55	6	1	0.265	银白色略带金色光泽，柔软	1.879×10^3	28.40	678.4

一、碱金属的性质

1. 物理性质

由表 3－3 可以看出，碱金属除铯略带金色光泽外，其余都是银白色。碱金属都比较柔软，有展性。碱金属的密度都较小，尤其是锂、钠、钾。碱金属的熔点都较低，如铯在气温稍高时就是液态。

由表 3－3 还可以看出，碱金属元素原子结构和性质上的规律：它们最外电子层上都是 1 个电子，随核电荷数增加，电子层数逐渐增多，原子半径逐渐增大，密度呈增大趋势，熔点、沸点逐渐降低。

2. 化学性质

碱金属元素原子的最外电子层上都只有 1 个电子，在化学反应中很容易失去，因此碱金属元素化学性质都很活泼，能跟大多数的非金属和水起反应。由于碱金属原子核外电子层数不同，因而在化学性质上又表现出一定的差异。

（1）与氧气反应

碱金属都易跟氧气发生反应，在常温下就能与空气中的氧气作用，在加热的条件下则发生燃烧。

锂跟氧气反应，生成氧化锂。

$$4Li + O_2 \xlongequal{点燃} 2Li_2O$$

钾、铷等跟氧气反应，生成比过氧化物更复杂的氧化物。除与氧气反应外，碱金属还能与氯气等大多数非金属反应，可以看出碱金属性质很活泼。

（2）与水反应

实验 3－6

在两个烧杯中各放入一些水，然后各取绿豆粒大小的钠、钾，用滤纸吸干它们表面的煤油，把它们分别投入两个烧杯中，观察它们与水反应的现象有什么不同。反应完毕后，分别向两个烧杯中滴入几滴酚酞试液，观察溶液颜色的变化。

实验证明，同钠类似，钾也能与水起反应生成氢气和氢氧化钾。钾与水的反应比钠与水的反应更剧烈，反应放出的热可以使生成的氢气燃烧，并发生轻微的爆炸，证明钾比钠更活泼。

$$2K + 2H_2O \xlongequal{} 2KOH + H_2\uparrow$$

如果将铷和铯与水接触，它们的反应比钾跟水的反应还剧烈，可引起爆炸，说明它们的金属性又比钾强。

大量事实证明，碱金属元素随着原子核电荷数递增，它们的金属性逐渐增强。

二、焰色反应

我们观察钠受热燃烧时，曾发现燃烧的火焰呈现黄色。在炒菜时，如果不慎将食盐或盐水溅在火焰上，也会发现火焰呈现黄色。事实上，很多金属或它们的化合物在灼烧时都会使火焰呈现出特殊的颜色，这在化学上叫做焰色反应。

实验 3－7

把装在玻璃上的铂丝（也可用光洁无锈的铁丝或镍、铬、钨丝）放在酒精灯火焰（最好用煤气灯，它的火焰颜色较浅）里灼烧，直到与原来的火焰相同为止。用铂丝蘸碳酸钠溶液，放在火焰上灼烧，观察火焰的颜色。

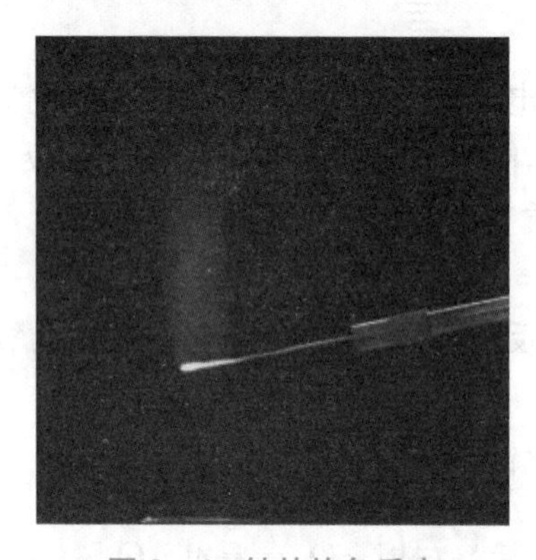

图 3－6　钠的焰色反应

用稀盐酸洗净铂丝，在火焰上灼烧到没有什么颜色时，再分别蘸取碳酸钾溶液、氯化钾溶液等做试验，观察火焰的颜色。钾的火焰颜色要透过蓝色的钴玻璃去观察，这样就可滤去黄色的光，避免杂质钠所造成的干扰。不仅碱金属和它们的化合物能呈现焰色反应，钙、锶、钡、铜等金属也能呈现焰色反应。

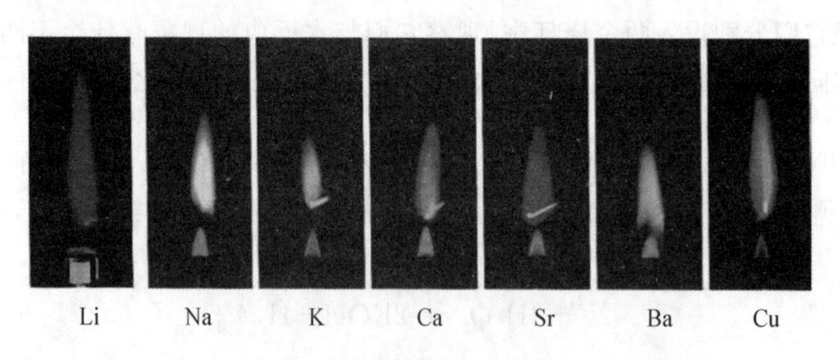

图 3－7　金属的焰色反应

根据焰色反应所呈现的特殊颜色，可以鉴定这些金属或金属离子的存在。实验时也可用洁净的铂丝蘸一些被测物质的粉末进行灼烧。

图 3－8　烟花表演

节日晚上燃放的五彩缤纷的焰火，就是碱金属以及锶、钡等金属及其化合物焰色反应所呈现的各种鲜艳色彩。

思考与练习

一、填空题

1. 纯净的钠是________色、质软的金属，但是在空气中钠的表面往往有一层白色无光泽物质，这是由于钠很容易与________中的________反应，生成________的缘故。

2. 在用钠做实验时，如果用手直接接触金属钠，容易造成烧伤，这是因为钠容易与空气中或手上的________发生反应，生成具有强腐蚀性的________的缘故。

3. 碱金属包括______、______、______、______、______、______几种元素，其中______是不稳定存在的放射性元素。

4. 钠或________灼烧时，火焰呈________色；钾或________灼烧时，火焰呈________色。观察钾的焰色需透过________色的钴玻璃，这是为了避免________中可能混有的________的干扰。

二、选择题

1. 下列关于钠的叙述正确的是(　　)。

A. 钠在自然界中不存在

B. 钠只能以离子形式存在

C. 在自然界，钠的化合物种类繁多，分布很广

D. 钠通常由更活泼的金属从其化合物中置换出来

2. 下列关于碱金属元素的叙述正确的是(　　)。

A. 锂是碱金属元素中最不活泼的，是唯一可以在自然界以游离态存在的元素

B. 锂原子的半径比其他碱金属原子的半径都大

C. 碱金属只有钠需保存于煤油或石蜡中

D. 碱金属单质都是通过人工方法从其化合物中制取的

3. 以下关于锂、钠、钾、铷、铯的叙述不正确的是（　　）。

① 氢氧化物中碱性最强的是 CsOH　② 单质熔点最高的是铯　③ 它们都是热和电的良导体　④ 它们的密度依次增大，且都比水轻　⑤ 它们的还原性依次增强

A. ①③　　B. ②⑤　　C. ②④　　D. ①③⑤

4. 某学生将一小块金属钾投入滴有酚酞的水中，这种操作能证明下述四点性质中的（　　）。

① 钾比水轻　② 钾的熔点较低　③ 钾与水反应时要放出热量　④ 钾与水反应后溶液显碱性

A. ①④　　B. 仅④　　C. 除②外　　D. 全部

三、简答题

在空气中长时间放置少量金属钠，请分析最终的产物是什么？写出化学反应方程式。

四、计算题

某无水碳酸钠中含有少量氯化钠杂质，若取该碳酸钠 25 g 与过量的盐酸反应，得到 8.8 g 二氧化碳，则该碳酸钠中含杂质的质量是多少？

第三节　氯　气

人们习惯上将氟(F)、氯(Cl)、溴(Br)、碘(I)、砹(At)①等几种元素称为卤族元素，简称为卤素。卤素在古希腊文中有“生成盐”的意思。人们最熟悉的食盐(NaCl)就是一种卤素和金属生成的盐。本节主要学习氯气的性质和用途，进而比较氟、氯、溴、碘的结构和性质，找出卤素的变化规律。

一、氯气的性质

1. 物理性质

实验 3－8

取一瓶氯气，瓶后衬一张白纸，观察它的颜色、状态。然后将瓶口的玻璃片移开，露出一条小缝，用手轻轻地在瓶口小缝上方煽动，使极少量氯气飘入鼻孔，闻到气味后，将瓶口盖好。向瓶中加入 1/3 体积的蒸馏水，盖好瓶口并轻轻振荡，观察瓶中气体颜色的变化。

根据上述实验与观察，填写表 3－4 中的空白。

① 砹是一种放射性元素，本书不作讨论。

表 3-4　氯气的物理性质

颜色	状态	气味	密度/$kg \cdot m^{-3}$	沸点/℃	水溶性(能、否)
			3.214	−34.6	

在通常状态下，氯气密度比空气大；它易液化，在压强为 101 kPa 时，冷却到 −34.6 ℃ 就会转化为液态，液态氯简称液氯。氯气能溶于水，其水溶液称为氯水。

氯气有毒，有强烈的刺激性。人吸入少量氯气会引起胸部疼痛和咳嗽，大量吸入会导致窒息死亡，在第一次世界大战期间曾作为臭名昭著的化学战剂使用过。

2. 化学性质

氯原子的最外电子层上有 7 个电子，在化学反应中很容易结合 1 个电子，使最外电子层达到 8 个电子的稳定结构。因此，氯气的化学性质很活泼，它能跟金属、氢气和其他许多非金属直接化合，还能跟水、碱等化合物起反应。通常，氯在自然界以化合态形式存在。

(1) 与金属反应

实验 3-9

用坩埚钳夹住一束铜丝，灼热后立刻放入充满氯气的集气瓶里，观察发生的现象。然后把少量的水注入集气瓶里，用玻璃片盖住瓶口，振荡。观察溶液的颜色。

图 3-9　铜在氯气里燃烧

可以看到，红热的铜丝在氯气里剧烈燃烧，使集气瓶里充满棕色的烟，这种烟实际上是氯化铜的微小晶体。这个反应的化学方程式为：

$$Cu + Cl_2 \xlongequal{\triangle} CuCl_2$$

氯化铜溶于水后，溶液呈蓝绿色。大多数金属在点燃或灼热的条件下，都能与氯气发生反应生成氯化物。但是，在通常情况下，干燥的氯气不能与铁反应，因此，可以用钢瓶储运液氯。

(2) 与氢气反应

实验 3-10

在空气中点燃氢气，然后把导管移入盛有氯气的集气瓶中，观察 H_2 在 Cl_2 中燃烧的现象。

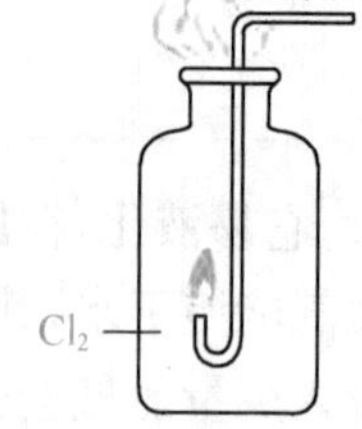

图 3-10　氢气在氯气中燃烧

纯净的 H_2 可以在 Cl_2 中安静地燃烧，发出苍白色的火焰，反应生成的气体是 HCl，它在空气里与水蒸气结合成盐酸小液滴，呈雾状。

$$H_2+Cl_2 \xlongequal{点燃} 2HCl$$

在光照下，Cl_2 能和 H_2 迅速化合而发生爆炸，生成 HCl 气体。氯化氢具有刺激性气味，极易溶于水，它的水溶液呈酸性，叫做氢氯酸，习惯上又称盐酸。

（3）与水反应

氯气能溶于水。在常温下，1 体积水约溶解 2 体积的氯气。氯气的水溶液叫做“氯水”。氯水因溶有氯气而呈黄绿色。当光照射氯水时，可以看见有气泡溢出，这是因为溶解在水中的部分氯气跟水起反应，生成盐酸和次氯酸（HClO）。次氯酸不稳定，容易分解放出氧气。当氯水受日光照射时，次氯酸的分解加快，可以明显看到放出的氧气泡。

$$Cl_2+H_2O = HCl+HClO \qquad 2HClO = 2HCl+O_2$$

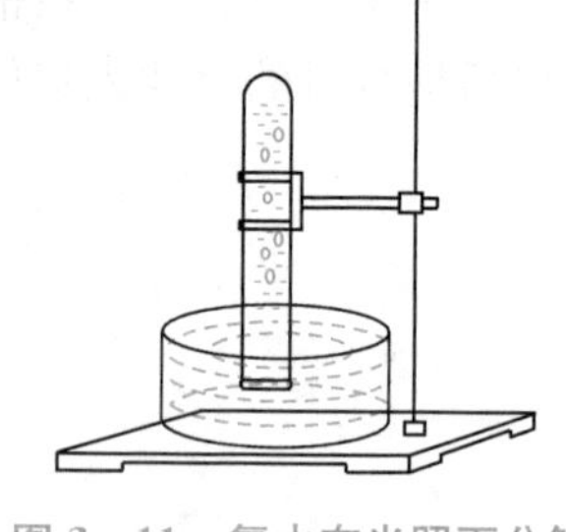
图 3-11　氯水在光照下分解

次氯酸是一种强氧化剂，能杀死水里的病菌，所以自来水常用氯气（1 L 水里约通入 0.002 g 氯气）来杀菌消毒。次氯酸的强氧化性还能使染料和有机色质褪色，所以氯气可用来漂白棉、麻和纸张等。

实验 3-11

如图 3-12 所示，将氯气通入分别放有干燥和湿润的有色布条的两个集气瓶，观察发生的现象。

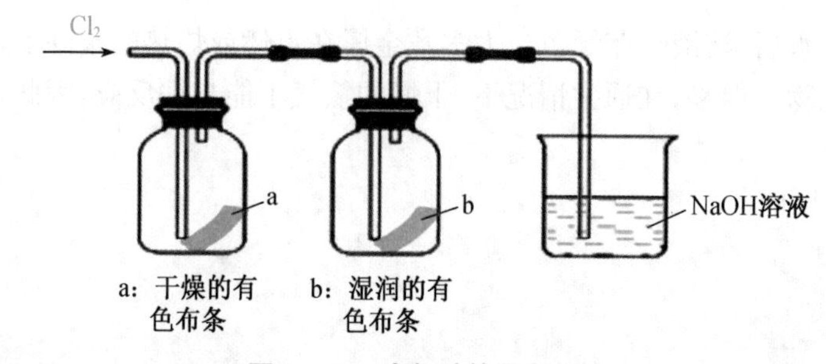

图 3-12　次氯酸的漂白作用

（4）与碱的反应

氯气跟碱反应生成次氯酸盐、金属氯化物和水。

$$2Ca(OH)_2 + 2Cl_2 = Ca(ClO)_2 + CaCl_2 + 2H_2O$$

次氯酸盐比次氯酸稳定，容易储运。市售的漂白精和漂白粉的有效成分就是次氯酸钙。工业上生产漂白粉，是通过氯气和石灰乳作用制成的。

在潮湿的空气里，次氯酸钙跟空气里的二氧化碳和水蒸气反应，生成次氯酸。所以漂白精和漂白粉也具有漂白、消毒作用。

$$Ca(ClO)_2 + CO_2 + H_2O = CaCO_3\downarrow + 2HClO$$

漂白粉只能用于漂白棉、麻、纸浆等，不能用于漂白丝、毛织物，因为会毁坏丝纤维和毛纤维。漂白粉还可用来杀死微生物，可以对游泳池、污水坑、厕所等进行消毒灭菌。

二、氯离子的检验

氯气能与很多金属反应生成盐，其中大多数盐能溶解于水并电离出氯离子。如氯化钠、氯化锌、氯化铁、氯化钾等氯化物的水溶液以及盐酸中都存在着能够自由移动的氯离子。怎样用简易的化学方法检验或证明这些可溶性氯化物中氯离子的存在呢？

实验 3－12

取四支试管，分别注入少量稀盐酸、氯化钠、氯化钡和碳酸钠溶液，各加入几滴 $AgNO_3$ 溶液，观察发生的现象。再滴入几滴稀硝酸，有什么变化？

可以看到，四支试管里都有白色沉淀生成，前三支试管里的白色沉淀不溶于稀硝酸，这是 $AgCl$ 沉淀；第四支试管中的沉淀溶于稀硝酸，是 Ag_2CO_3 沉淀。前三支试管里发生的离子反应是相同的，可用同一离子反应方程式表示：

$$Cl^- + Ag^+ = AgCl\downarrow$$

第四支试管里发生的离子反应是：

$$CO_3^{2-} + 2Ag^+ = Ag_2CO_3\downarrow$$

Ag_2CO_3 溶于稀硝酸：

$$Ag_2CO_3 + 2H^+ = 2Ag^+ + CO_2\uparrow + H_2O$$

第四节　卤族元素

卤族元素的最外电子层上都是 7 个电子，从氟到碘，随着核电荷数逐渐增大，原子核外电子层数依次增多，原子半径依次增大。前面已了解了氯气的性质，观察表 3－5，氯气与氟、溴、碘等其他卤素单质又有怎样的内在联系呢？

表 3-5　卤素单质的结构、物理性质

元素名称	元素符号	核电荷数	电子层数	最外层电子数	原子半径/nm	单质分子式	颜色和状态(常态)	密度/kg·m^{-3}	熔点/℃	沸点/℃	溶解度(100 g 水)
氟	F	9	2	7	0.071	F_2	浅黄绿色气体	1.69	−219.6	−188.1	与水反应
氯	Cl	17	3	7	0.099	Cl_2	黄绿色气体	3.214	−101	−34.6	226 cm^3
溴	Br	35	4	7	0.114	Br_2	深红棕色液体	3.119×10^3	−7.2	58.78	4.16 g
碘	I	53	5	7	0.133	I_2	紫黑色固体	4.93×10^3	113.5	184.4	0.029 g

1. 物理性质

卤素在自然界中都以化合态形式存在，它们的单质可由人工制得。从表 3-5 中可以看出，卤素单质的物理性质有较大差别。在常温下，氟、氯是气体，溴是液体，碘是固体。它们的颜色由淡黄绿色到紫黑色，逐渐变深。从氟到碘，在常压下的熔点和沸点依次逐渐升高。

实验 3-13

观察溴的颜色和状态。

溴是深红棕色的液体，很容易挥发，应密闭保存。如果把溴存放在试剂瓶里，需要在瓶子里加一些水，以减少挥发。

实验 3-14

观察碘的颜色、状态和光泽。取一内装碘晶体且预先密闭好的试管，用酒精灯微热玻璃管盛碘的一端，观察管内发生的现象。

可以观察到，碘在常压下加热，不经过熔化就直接变成紫色蒸气，蒸气遇冷，重新凝结成固体。这种固态物质不经过转变成液态而直接变成气态的现象叫做升华。

溴和碘在水中的溶解度较小，易溶于苯、汽油、四氯化碳、酒精等有机溶剂。医疗上用的碘酒，就是溶有碘的酒精溶液。

2. 化学性质

氟、溴、碘都能像氯一样与许多金属起反应，也能与氢气、水等起反应。

(1) 卤素与氢气反应

氟跟氢气的反应比氯跟氢气的反应剧烈，不需要光照，在暗处就能剧烈化合而发生爆炸，生成的氟化氢很稳定。

$$H_2 + F_2 \xlongequal{} 2HF$$

溴跟氢气的反应不如氯跟氢气的反应剧烈，在加热至 500 ℃时才能较缓慢地发生反应，生成的溴化氢也不如氯化氢稳定。

碘跟氢气的反应更不容易发生，要在不断加热的条件下才能缓慢进行，而且生成的碘化氢很不稳定，在生成的同时又会发生分解。

可见，氟、氯、溴、碘随着其核电荷数的增多，它们跟氢气反应的剧烈程度逐渐减弱，所生成的氢化物的稳定性也逐渐降低。

(2) 卤素与水反应

氯气跟水的反应在常温下就能进行。氟遇水发生剧烈反应，生成氟化氢和氧气。溴跟水的反应比氯气跟水的反应弱一些；碘跟水只能是微弱地进行反应。

氟、氯、溴、碘跟水反应的剧烈程度也是随着它们原子核电荷数的增多而减弱的。

(3) 卤素间的置换反应

在卤素与氢气、水的反应中，已经表现出氟、氯、溴、碘在化学活动性上的一些差异，通过卤素单质间的置换反应能更直接地比较它们的活动性大小。

实验 3－15

向盛有无色溴化钠和碘化钾溶液的两支试管中分别注入少量新制的饱和氯水，用力振荡后再各注入少量四氯化碳，振荡并静置片刻。待液体分为两层后，观察四氯化碳层和水层颜色的变化，记录并分析所观察到的现象。然后分别以溴水和碘水代替氯水做上述实验。

四氯化碳层和水层颜色的变化，说明氯可以把溴和碘分别从溴化物和碘化物中置换出来；溴可以把碘从碘化物中置换出来；碘则不能置换其他卤化物中的卤素。

上述各反应的化学方程式分别表示如下：

$$2NaBr + Cl_2 = 2NaCl + Br_2$$

$$2KI + Cl_2 = 2KCl + I_2$$

$$2KI + Br_2 = 2KBr + I_2$$

这就是说，在氯、溴、碘三种元素里，氯的化学活动性强于溴，溴的化学活动性又强于碘。实验证明，氟的化学活动性比氯、溴、碘都强，能把它们从相应的卤化物中置换出来。即氟、氯、溴、碘的化学活动性随其核电荷数的增加、原子半径的增大而减弱。

$$\xrightarrow[\text{化学活动性逐渐减弱}]{F_2 \quad Cl_2 \quad Br_2 \quad I_2}$$

碘除了具有卤素的一般性质外，还有一种化学特性，即与淀粉反应。

实验 3－16

在试管里注入少量淀粉溶液，再滴入几滴碘水，观察溶液的变化。

单质碘能使淀粉呈现出特殊的蓝色。碘的这一特性可以用来鉴定碘的存在。

知识链接

卤化银的用途

卤化银都有感光性，在光的照射下会发生分解反应。

卤化银的感光性质，使其可用于制感光材料。照相用的感光片及变色玻璃中所用的感光物质大多是溴化银。

照相用的胶卷和相纸上都有一层药膜，其感光物质的主要成分是溴化银（有的含适量氯化银和碘化银）。在拍照时，溴化银即发生上述分解反应，反应生成的银就留在胶片上，形成潜在的黑白影像，再经过显影、定影处理，就可使影像显现、稳定。

把溴化银（或氯化银）与微量的氧化铜混合密封在玻璃体内，可以制成变色玻璃。当玻璃受到太阳光或紫外光照射时，玻璃体内的溴化银就会分解，产生银原子。银原子能吸收可见光区内的光线，当银原子聚集到一定数量时，吸收就变得十分明显，于是无色透明的玻璃就变成灰黑色。此时如果把玻璃放回暗处，在氧化铜的催化作用下，银原子又会与溴原子结合成溴化银，溴化银中的银离子不吸收光线，因此玻璃又会变成无色透明。这就是将其称为变色玻璃的缘故。

在人工控制气象方面，碘化银起着重要的作用。在必要的情况下，用飞机向空中播撒碘化银微粒，或者向空中发射碘化银炮弹，可达到人工降水（雨、雪）等目的。

思考与练习

一、填空题

1. 氯气是________色、________味的气体。氯气有毒，其密度比空气________，制取氯气时常用________法收集，多余的氯气用________吸收。

2. 卤素包括________、________、________、________等几种元素，通常状况下，卤素单质中________和________是气体，________是液体，________是固体。________受热后由固体直接变成蒸气，这种现象叫做________。

3. 卤族元素中非金属性最强的是________，原子半径最小的是________。

4. 氟、氯、溴、碘的单质中，与氢气混合后在暗处就能发生剧烈反应的是________；与水剧烈反应放出氧气的是________；不能将其他卤化物中的卤素置换出来的是________。

二、选择题

1. 下列物质中属于纯净物的是（　　）。

A. 氯水　　B. 氯化氢　　C. 液氯　　D. 漂白粉

2. 下述说法不正确的是（　　）。

A. 与硝酸银溶液反应有白色沉淀生成的物质中必定含有氯离子

B. 含有氯离子的溶液遇硝酸银溶液必定有白色沉淀生成

C. 氯离子与银离子很难共存于同一溶液中

D. 可用硝酸银溶液和稀硝酸来检验溶液中是否含有氯离子

3. 下列各组离子中，共存于同一溶液中而不发生反应的是(　　)。

A. Ba^{2+}、Cl^{-}、Na^{+}、SO_4^{2-}　　B. Ag^{+}、NO_3^{-}、K^{+}、CO_3^{2-}

C. Cu^{2+}、SO_4^{2-}、Ba^{2+}、OH^{-}　　D. Na^{+}、OH^{-}、K^{+}、SO_4^{2-}

4. 向含有 NaBr 和 KI 的混合溶液中通入过量的氯气，然后将溶液蒸干，并把剩余的固体灼烧，最后剩下的物质是(　　)。

A. NaCl 和 KI　　B. NaCl、KCl 和 I_2

C. KCl 和 NaBr　　D. KCl 和 NaCl

三、综合题

1. 现有三瓶无色液体，分别是氯化钠、溴化钠和碘化钾溶液。试用 1～2 种化学方法鉴别它们，并写出有关反应的化学方程式。

2. 某硝酸银溶液 4 g，与足量的氯化钠溶液起反应，生成 0.5 g 氯化银沉淀。试计算该硝酸银溶液中硝酸银的质量分数。

本章小结

一、碱金属

碱金属是非常活泼的金属，它们在物理性质、化学性质上有相似性和递变性。

1. 碱金属的化学性质

(1) 都能与氧气反应生成氧化物、过氧化物等化合物。

(2) 都能与卤素反应生成卤化物。

(3) 都能与水反应生成氢氧化物并放出氢气。

2. 碱金属元素性质比较

碱金属元素性质上的相似性和递变性

元素名称	元素符号	相似性		递变性		
		颜色状态	化学性质	熔点	沸点	化学性质
锂	Li	柔软的银白色金属	都能跟氧气、卤素、水反应，生成相应的氧化物(或过氧化物)、卤化物、氢氧化物	依次降低	依次降低	金属性逐渐增强
钠	Na	柔软的银白色金属				
钾	K	柔软的银白色金属				
铷	Rb	柔软的银白色金属				
铯	Cs	柔软的银白色金属，略带金色光泽				

二、卤素

卤素单质是非常活泼的非金属，它们在物理性质、化学性质上有相似性和递变性。

1. 卤素物理性质及递变规律

卤素单质的物理性质比较

元素名称		氟	氯	溴	碘
元素符号		F	Cl	Br	I
原子半径的递变规律		逐渐增大 →			
单质	化学式	F_2	Cl_2	Br_2	I_2
	颜色及其递变规律	淡黄绿色	黄绿色	深红棕色	紫黑色
		逐渐加深 →			
	状态及其递变规律	气体	气体	液体	固体
		由气体逐渐过渡为固体 →			
	密度/$kg \cdot m^{-3}$	1.69	3.214	3.119×10^3	4.93×10^3
	熔点的递变规律	逐渐升高 →			
	沸点的递变规律	逐渐升高 →			

2. 卤素化学性质及其递变规律

卤素单质的化学性质比较

化学式	与 H_2 的反应 $X_2+H_2 = 2HX$ (X:F、Cl、Br、I)	与水的反应 $X_2+H_2O = HX+HXO$ (X:Cl、Br、I)	置换反应 $X_2+2X'^- = X'_2+2X^-$(X、X':卤素,X 原子的核电荷数小于 X')	非金属性比较
F_2	在冷暗处就能剧烈化合而爆炸,HF 很稳定	迅速反应,放出氧气:$2F_2+2H_2O = 4HF+O_2$	氟能把氯、溴、碘从它们的卤化物中置换出来	由上至下活动性减弱
Cl_2	在强光照射下,剧烈化合而爆炸,HCl 较稳定	在日光照射下,缓慢放出氧气:$Cl_2+H_2O = HCl+HClO$ $2HClO = 2HCl+O_2\uparrow$	氯能把溴、碘从它们的卤化物中置换出来	
Br_2	在高温条件下,较慢地化合,HBr 较不稳定	反应较氯为弱	溴能把碘从碘化物中置换出来	
I_2	持续加热慢慢地化合,产生的 HI 很不稳定,同时发生分解	只起很微弱的反应	碘不能置换出其他卤化物中的卤素	

章节测试

一、选择题

1. 在空气中长时间放置少量金属钠，最终的产物是(　　)。

A. Na_2CO_3　　B. $NaOH$　　C. Na_2O　　D. Na_2O_2

2. 下列有关 Na_2CO_3 和 $NaHCO_3$ 性质的比较中，正确的是(　　)。

A. 对热稳定性：$Na_2CO_3 < NaHCO_3$

B. 常温时水溶性：$Na_2CO_3 > NaHCO_3$

C. 与稀盐酸反应的快慢：$Na_2CO_3 < NaHCO_3$

D. 相对分子质量：$Na_2CO_3 < NaHCO_3$

3. 下列物质中同时含有氯分子、氯离子的是(　　)。

A. 氯水　　B. 液氯　　C. 氯酸钾　　D. 次氯酸钙

4. 下列关于 Cl^- 的叙述正确的是(　　)。

A. 有毒　　B. 与氯原子同属一种元素

C. 易与钠离子发生反应　　D. 溶于水后形成的溶液具有漂白性

二、填空题

1. 将一小块金属钾放入水中，发生剧烈的化学反应，反应的化学方程式是________。其中，氧化剂是________，还原剂是________。

2. 锂、钠、钾各 1 g，分别与足量的水反应。其中，反应最剧烈的是________，相同条件下，生成氢气的质量最大的是________。

3. 氟、氯、溴、碘的单质中，与氢气混合后不见光就反应的是________，不与其他氢卤酸盐溶液发生置换反应的是________。

4. 在硬质玻璃管中，依次放置三个湿石棉球(不怕受热)A、B、C，它们分别浸有溴化钾溶液、碘化钾溶液、淀粉溶液。若由硬质玻璃管左端导入氯气，在中间 B 处加微热，则可观察到 A 处呈________色，B 处有________色的________产生，C 处呈________色。若从硬质玻璃管右端导入少量氯气，则________处最先变色，________处不变色。

5. 钠金属单质及其化合物在生产、生活中有着广泛的应用。请回答：

(1) 把一块金属钠放在坩埚中加热，产物为________________(填化学式，下同)，该产物可与水反应生成氢氧化钠和____________。

(2) 钠能与冷水发生剧烈反应，该反应化学方程式为____________________________。

(3) 向氢氧化钠溶液中加入碳酸氢钠，充分反应，该反应的离子方程式为__________________________。

6. 氯水中含有多种成分。试回答下列问题：

(1) 实验室保存饱和氯水的方法是____________________________。

(2) 将紫色石蕊溶液滴入氯水中，溶液显红色，起作用的成分是____________；过一会儿，溶液的颜色逐渐褪去，起作用的成分是____________。向氯水中滴入硝酸银溶液，产生白色沉淀，起作用的成分是____________。

7. 试完成下列反应的化学方程式：

(1) 氯气和石灰乳发生的反应：________________。

(2) 实验室中制取氯气的反应：________________。

(3) 碘化钾溶液中加入氯水后发生的反应：________________。

三、推断题

X、Y、Z 三种元素，它们具有下述性质：

(1) X、Y、Z 的单质在常温下均为气体。

(2) X 的单质可以在 Z 的单质中燃烧，燃烧时火焰为苍白色。

(3) 化合物 XZ 极易溶于水，并电离出 X^+ 和 Z^-，其水溶液可使蓝色石蕊试纸变红。

(4) 2 分子 X 的单质可与 1 分子 Y 的单质化合，生成 2 分子 X_2Y，X_2Y 在常温下为液体。

(5) Z 的单质溶于 X_2Y 中，所得溶液具有漂白作用。

根据上述事实，试推断 X、Y、Z 各是什么元素，XZ 和 X_2Y 各是什么物质？

四、计算题

20 g 碘化钠和氯化钠的混合物溶于水，与足量的氯气反应后，经加热，烘干得 11.95 g 固体，试计算混合物中氯化钠的质量分数。

第四章　原子结构　元素周期律

章首语

通过学习典型的金属和非金属章节，知道了钠、钾等碱金属表现的化学性质具有相似性，氟、氯、溴等卤族元素的化学性质也具有相似性，但碱金属元素和卤族元素间的化学性质全然不同。这是由于元素的性质与它们的内部结构有密切关系。通过本章学习，我们将进一步认识到元素的原子结构和化学性质之间存在着内在的联系和规律。

知识树

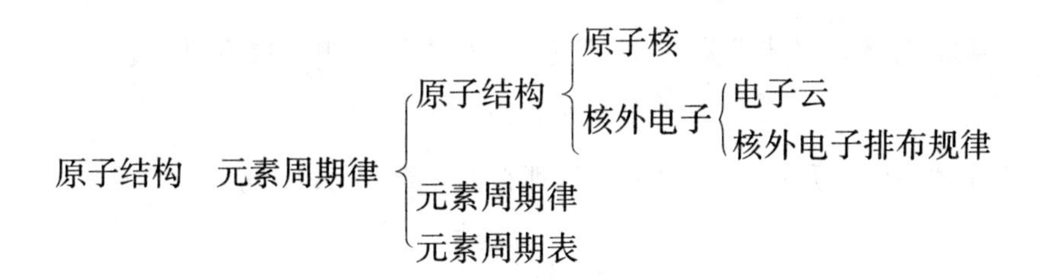

第一节　原子结构

原子是构成物质的一种重要微粒，原子是由原子核和核外电子构成的。

一、原子核、核素

原子很小，原子核比原子更小，它的半径约为原子半径的几万分之一，它的体积只占原子体积的几百万分之一。若把原子看成一座庞大的体育场，则原子核只相当于体育场中央的一只蚂蚁。

原子核可以再分，由质子和中子构成。质子和中子的性质如表 4 - 1。

表 4-1 构成原子的粒子及其性质

构成原子的微粒	电　子	质　子	中　子
质量/kg	9.109×10^{-31}	1.673×10^{-27}	1.675×10^{-27}
相对质量①	0.5484×10^{-3}	1.007	1.008
电量/C	1.602×10^{-19}	1.602×10^{-19}	0
电荷	1个电子带一个单位负电荷	1个质子带一个单位正电荷	0

每个质子带一个单位正电荷，中子呈电中性，所以原子核所带的正电荷数即核电荷数就等于核内质子数。由于每个电子带一个单位负电荷，所以原子核所带的正电荷数与核外电子所带的负电荷数相等，原子呈电中性，存在以下关系：

$$\text{核电荷数}(Z)=\text{核内质子数}=\text{核外电子数}$$

电子本身的质量很小，因此原子的质量主要集中在原子核上。质子和中子的相对质量都近似为1，若忽略电子的质量，将核内所有的质子和中子的相对质量相加，所得的数值叫做质量数。

$$\text{质量数}(A)=\text{质子数}(Z)+\text{中子数}(N)$$

如果知道钠原子的核电荷数为11，质量数为23，则其中子数 N 为：

$$N=A-Z=23-11=12$$

如果质量数为 A、质子数为 Z 的原子，那么原子组成可以表示为：

$$\text{原子}({}_{Z}^{A}\mathrm{X})\begin{cases}\text{原子核}\begin{cases}\text{质子}\quad Z\text{个}\\ \text{中子}\quad (A-Z)\text{个}\end{cases}\\ \text{核外电子}\quad Z\text{个}\end{cases}$$

科学研究表明，同一种元素的原子核中的质子数是相同的，但中子数不一定相同。例如，氢元素有几种原子，它们都含有1个质子，但所含中子数不同。

不含中子的氢原子叫做氕；含1个中子的氢原子叫做氘，就是重氢；含2个中子的氢原子叫做氚。具体比较如表4-2。

表 4-2 氢元素三种原子的构成比较

符号	名称	质子数	中子数	核电荷数	质量数
${}_{1}^{1}\mathrm{H}$ 或 H	氕	1	0	1	1
${}_{1}^{2}\mathrm{H}$ 或 D	氘	1	1	1	2
${}_{1}^{3}\mathrm{H}$ 或 T	氚	1	2	1	3

① 相对质量是指对 ${}^{12}\mathrm{C}$ 原子(原子核内有6个质子和6个中子的碳原子)质量的1/12相比较而得的数值。

具有一定数目质子和一定数目中子的一种原子称为核素。如$_1^1H$、$_1^2H$和$_1^3H$就各为氢元素的一种核素。

质子数相同而中子数不同的同种元素的不同核素互称为同位素，$_1^1H$、$_1^2H$和$_1^3H$就是氢的三种同位素；$_6^{12}C$、$_6^{13}C$、$_6^{14}C$就是碳的三种同位素。把像氢、碳等这些多种核素的元素称为多核素元素。当然，有些元素只有一种核素，把这些元素称为单核素元素。

在自然界的各种矿物质资源和化合物中，同一元素的各种同位素是按一定比例混合在一起的，因此计算元素的相对原子质量时，应按照该元素的各种同位素原子所占的百分比计算其平均值。例如，天然存在的氯元素是两种同位素的混合物，从表 4－3 中的数据即可计算出氯元素的相对原子质量。

表 4－3　氯的同位素的相对原子质量及在自然界中的含量

符号	同位素的相对原子质量	在自然界中各同位素原子的含量
$_{17}^{35}Cl$	34.969	75.77%
$_{17}^{37}Cl$	36.966	24.23%

氯元素的相对原子质量＝34.969×75.77%＋36.966×24.23%＝35.453

同位素中不同原子的质量虽然不同，但它们的化学性质几乎相同。

同位素中有的是稳定的，称为稳定同位素；有的具有放射性，称为放射性同位素。由于后者能自发地不断发出射线，很容易被仪器测定，因此它在各方面用途广泛。例如，可通过测定$_6^{14}C$的含量来推算文物或化石的年龄；用$_{92}^{235}U$作核反应堆的燃料；用$_1^2H$和$_1^3H$制造氢弹等。

二、原子核外电子排布

1. 电子云

电子的质量很小，但电子的运动速度很大。科学实验证明，电子以接近光速的速度在原子核外空间里做高速运动。电子的运动规律与普通物体不同，它没有确定的轨道，不可能准确地测定出其在某一时刻所处的位置和运动的速度。在描述核外电子运动时只能指出电子在核外空间某处出现机会的多少。

以氢原子核外的电子为例。氢原子只有一个电子，假设分别在不同时刻给某个氢原子拍照，得到的每一张照片便记录了该时刻电子在原子内出现的位置，如图 4－1 所示。

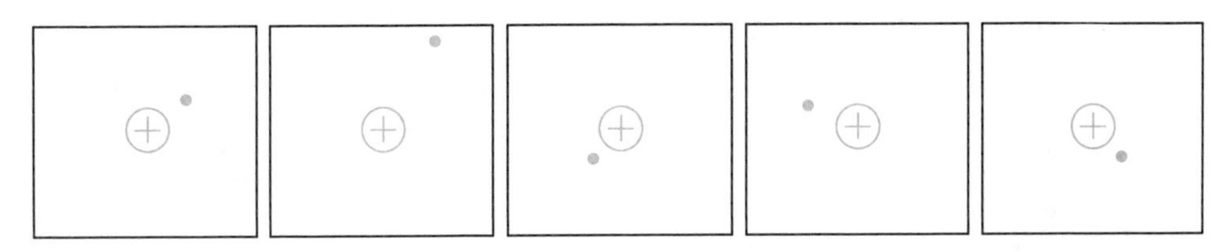

图 4－1　氢原子的瞬间照片

结果显示，每张照片中电子相对原子核的位置不同，似乎在核外做毫无规律的运动。但如果对此原子拍上无数张照片，并将这些照片叠加起来就会出现一幅图像，如图 4－2 所示。

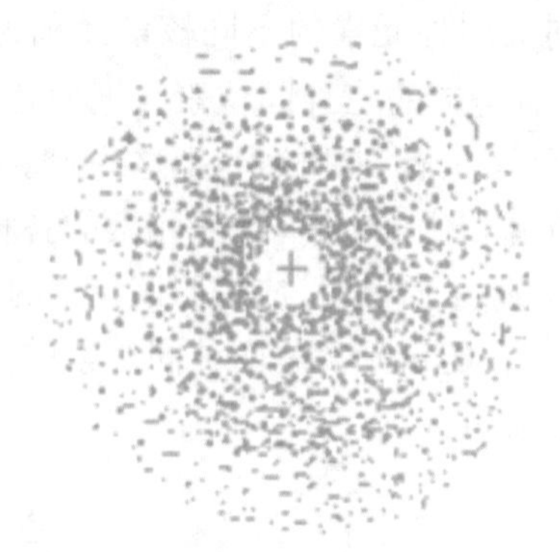

图 4－2　氢原子的电子云示意图

这种好像在原子核外笼罩着一团电子形成的云雾，称之为电子云。电子云表示了电子在核外空间各区域出现的概率大小。图中黑点较密的地方，说明电子出现的次数较多，即电子在该区域出现的概率较大；反之，说明电子出现的概率较小。

必须注意的是，电子云图中的小黑点的数目并不是电子数目，而是表示电子可能出现的瞬间位置。除氢原子外，其他元素的原子中含有多个电子，这些原子的电子云形状比较复杂，不仅有球形的，还有其他形状的。

2. 核外电子排布

氢原子只有一个电子，其运动的情况是相对比较简单的。在含有多个电子的原子里，由于电子的能量不同，它们运动的区域也不相同。通常，能量低的电子在离核较近的区域运动，而能量高的电子就在离核较远的区域运动。根据这种差别，把核外电子运动的不同区域看成不同的电子层，并用 n=1、2、3、4、5、6、7 表示从内到外的电子层，又分别称为 K、L、M、N、O、P、Q 层。n 值越大，说明电子离核越远，能量也就越高。

核外电子的分层运动，也叫核外电子的分层排布。稀有气体元素原子电子层排布的情况，如表 4－4。

表 4－4　稀有气体元素原子电子层排布比较

核电荷数	元素名称	元素符号	各电子层的电子数					
			K	L	M	N	O	P
2	氦	He	2					
10	氖	Ne	2	8				
18	氩	Ar	2	8	8			
36	氪	Kr	2	8	18	8		
54	氙	Xe	2	8	18	18	8	
86	氡	Rn	2	8	18	32	18	8

从表 4－4 中可以看出，电子由内向外按能量由低到高分层排布。不论有几个电子层，最外层的电子数不超过 8 个（氦原子是 2 个），次外层电子数不超过 18 个，倒数第三层的电子数不超过 32 个。K 层、L 层、M 层、N 层最多能排布的电子数目分别为 2、8、18、32，即满足第 n 层里最多能容纳的电子数为 $2n^2$。

3. 原子结构示意图

人们创造了“原子结构示意图”这种特殊的图形来形象地表示原子的结构。在了解了原子核外电子排布的规律，根据原子的核电荷数，就可以画出相应的原子结构示意图。

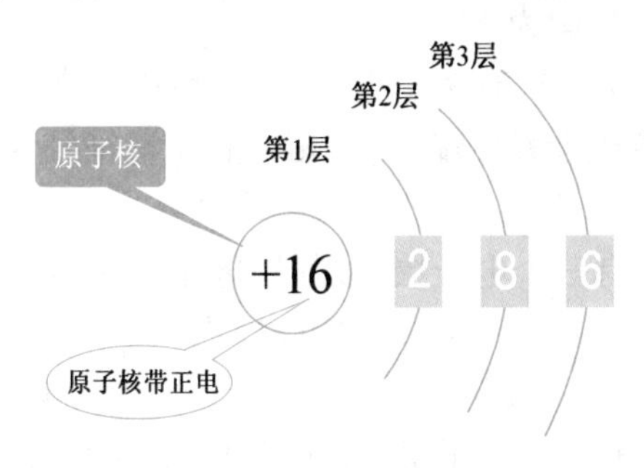

图 4－3　硫原子的原子结构示意图

思考与练习

一、选择题

1. 下列关于^{12}C和^{13}C的说法正确的是（　　）。

A. 两者互为同位素　　B. 两者互为同素异形体

C. 两者属于同一种核素　　D. 两者属于不同的元素

2. 某元素原子最外层有两个电子，此元素（　　）。

A. 是主族元素

B. 是ⅡA 族或ⅡB 族元素

C. 是金属元素

D. 无负价，可能是金属元素，也可能不是金属元素

3. 某原子的核电荷数是其电子层数的 5 倍，质子数是其最外层电子数的 3 倍，则该原子的核电荷数为（　　）。

A. 11　　B. 15　　C. 17　　D. 34

4. 以下有关电子云的描述，正确的是（　　）。

A. 电子云示意图的小黑点疏密表示电子在核外空间出现机会的多少

B. 电子云示意图中的每一个小黑点表示一个电子

C. 小黑点表示电子，黑点愈多核附近的电子就愈多

D. 小黑点表示电子绕核做圆周运动的轨道

5. 某金属阳离子带 2 个单位正电荷，核外有 10 个电子，核内中子数为 12，则该金属离子的质量数为（　　）。

A. 14　　B. 24　　C. 22　　D. 12

6. 下列粒子的结构示意图中，表示氯离子的是(　　)。

A. (+9) 2 7　　B. (+9) 2 8　　C. (+17) 2 8 8　　D. (+16) 2 8 8

二、填空题

1. 甲元素的原子核外，最外层 M 层的电子数是 L 层电子数的 1/2，该元素的元素符号为________，原子结构示意图为________。

2. 乙元素的原子最外电子层有 7 个电子，它的单质在常温下是黄绿色、有刺激性气味的气体，与氢气混合后遇光会发生爆炸，该元素的元素符号为________，原子结构示意图为________。

3. 丙元素的原子核外有三个电子层，最外层电子数是 K 层电子数的 1/2，它在常温下能跟水剧烈反应生成氢气，该元素的元素符号为________，原子结构示意图为________。

4. 丁元素的原子核外有三个电子层，最外层电子数是核外电子总数的 1/6，该元素的元素符号为________，原子结构示意图为________。

5. A 元素原子 M 层上有 6 个电子，B 元素原子的核外电子总数比 A 元素原子少 5 个，A 元素的原子结构示意图为________，A、B 两元素形成化合物的化学式为________。

三、简答题

发现了 n 种元素，也就是发现了 n 种原子，这种说法是否正确？

四、计算题

1. 镁有三种天然同位素，${}^{24}_{12}Mg$(78. 57%)、${}^{25}_{12}Mg$(10. 13%)、${}^{26}_{12}Mg$(11. 30%)，计算镁的相对原子质量。

2. 已知硼元素只有两种同位素，分别为 ${}^{10}B$ 和 ${}^{11}B$，硼的近似原子量为 10. 8，则同位素 ${}^{10}B$ 和 ${}^{11}B$ 的原子个数比为多少？

第二节　元素周期律

1869 年，俄国化学家门捷列夫在前人研究的基础上，用相对原子质量作为元素分类的基础，研究发现了元素周期律。

为了认识各元素间的这种内在联系，我们按核电荷数由小到大的顺序给元素编号，这种编号叫做该元素的原子序数。显然，原子序数在数值上与这种原子的核电荷数相等。即

原子序数＝核电荷数＝质子数

一、核外电子排布的周期性变化

核电荷数 1～18 的原子结构示意图，如图 4－4 所示。

+1 1
H
+2 2
He
+3 2 1
Li
+4 2 2
Be
+5 2 3
B
+6 2 4
C
+7 2 5
N
+8 2 6
O
+9 2 7
F
+10 2 8
Ne
+11 2 8 1
Na
+12 2 8 2
Mg
+13 2 8 3
Al
+14 2 8 4
Si
+15 2 8 5
P
+16 2 8 6
S
+17 2 8 7
Cl
+18 2 8 8
Ar

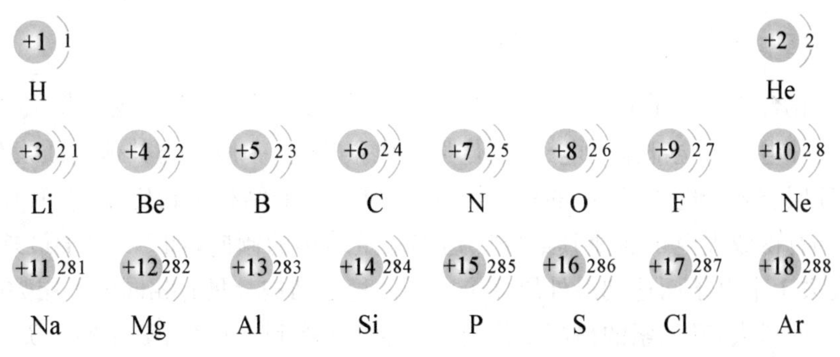

图 4－4　核电荷数为 1～18 的元素原子结构示意图

从图 4－4 中可以看出：原子序数为 1～2 的元素，即从氢到氦，有一个电子层，核外电子数由 1 增加到 2，K 层电子数为 2 时是稳定结构。

3～10 号元素，即从锂到氖，有两个电子层，最外层电子由 1 个递增到 8 个，达到稳定结构。

11～18 号元素，即从钠到氩，都有三个电子层，最外层的电子数也是由 1 个递增到 8 个，达到稳定结构。

可以看出，随着原子序数的递增，元素原子的最外层电子排布呈现周期性的变化。

二、原子半径的周期性变化

电子层数相同的原子，随着核电荷数的递增，原子核对外层电子的吸引力逐渐增大，原子半径逐渐变小。最外层电子数相同的原子，随着电子层数增多，原子半径明显增大。一些元素原子半径的变化，如图 4－5 所示。从图中可以看出，随着原子序数的递增，元素的原子半径不断重复从大到小的周期性变化。

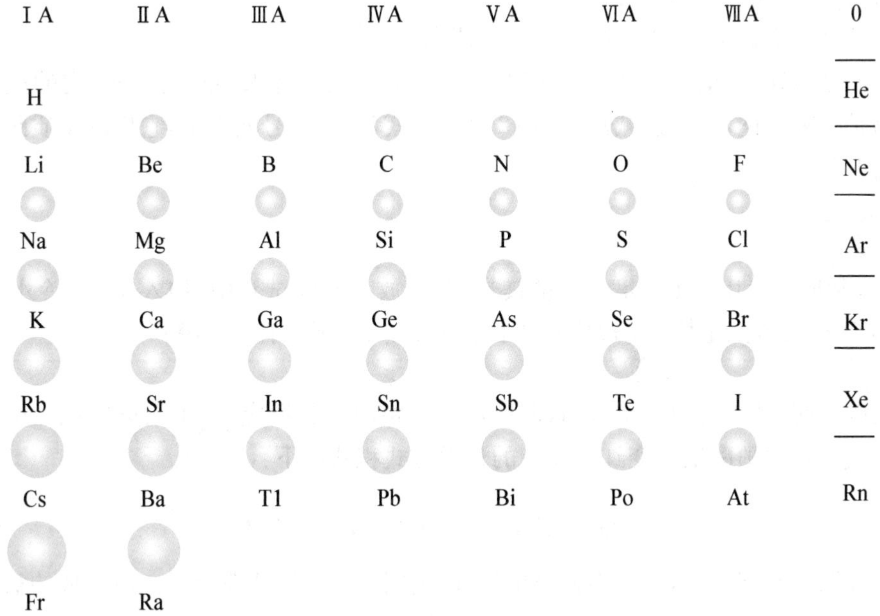

ⅠA
ⅡA
ⅢA
ⅣA
ⅤA
ⅥA
ⅦA
0
H
He
Li
Be
B
C
N
O
F
Ne
Na
Mg
Al
Si
P
S
Cl
Ar
K
Ca
Ga
Ge
As
Se
Br
Kr
Rb
Sr
In
Sn
Sb
Te
I
Xe
Cs
Ba
T1
Pb
Bi
Po
At
Rn
Fr
Ra

图 4－5　元素原子半径的周期性变化

三、元素主要化合价的周期性变化

元素的化合价与原子的电子层结构特别是最外层电子的数目有着密切关系。稀有气体原子的最外电子层全部排满电子，其化学性质很稳定，一般不与其他物质发生反应，所以原子最外层有 8 个电子(K 层的最外层有 2 个电子)的结构为稳定结构，其他结构的元素的原子都有得或失电子而使其最外层达到稳定结构的倾向，如 Na 原子最外层有 1 个电子，可失去 1 个电子而达到最外层 8 个电子的稳定结构。具有相同电子层数的原子，随着原子序数的增大，其元素的最高正价由 +1 逐渐递增到 +7(氧、氟除外)，负价由 −4 逐渐递变到 −1。元素的化合价随着原子序数的递增也呈现周期性的变化。

表 4－5　1～18 元素原子最高化合价和最低化合价变化规律

原子序数	电子层数	最外层电子数	最高或最低化合价的变化
1～2	1	1→2	+1→0
3～10	2	1→8	+1→+5 −4→−1→0
11～18	3	1→8	+1→+7 −4→−1→0

四、元素的金属性与非金属性的周期性变化

元素的金属性是指其原子失去电子形成阳离子的性质。元素金属性的强弱，可以从它的单质跟水(或酸)反应置换出氢的难易程度，以及它的最高价氧化物的水化物——氢氧化物的碱性强弱来判断。

以钠、镁、铝为例，比较金属性的变化情况。

我们已经知道，钠是一种非常活泼的金属元素，它与冷水能迅速反应，它的氧化物的水化物是氢氧化钠，具有强碱性。第 12 号元素镁和第 13 号元素铝，它们的单质跟水起反应的情况怎样呢？

实验 4－1

分别取一段用砂纸打磨光亮的镁带、铝片放入不同试管中，加入 4 mL 冷水，再滴加 2 滴酚酞试液，观察有何现象？然后加热至沸腾，观察有何现象？

实验表明，镁不易跟冷水作用，但加热时能跟沸水起反应，产生大量气泡。反应后的溶液能使无色的酚酞试液变红。反应的化学方式程式如下：

$$Mg+2H_2O \xlongequal{\triangle} Mg(OH)_2+H_2\uparrow$$

镁能跟沸水起反应，从水中置换出氢气，说明它是一种活泼金属。所生成的氢氧化镁的碱性比氢氧化钠弱，说明它的金属性不如钠强。

实验 4－2

取一小片铝片和一小段镁带，用砂纸擦去表面的氧化膜，然后分别放入两支试管里，再各加 3 mL 1 mol/L 的稀盐酸，观察有何现象发生？

实验表明，镁和铝都能跟盐酸反应，都置换出氢气，但铝跟酸的反应不如镁跟酸的反应剧烈，相应的化学方程式如下：

$$Mg + 2HCl = MgCl_2 + H_2\uparrow$$

$$2Al + 6HCl = 2AlCl_3 + 3H_2\uparrow$$

表 4－6　Na、Mg、Al 元素金属性变化探究

	Na	Mg	Al
单质与水反应	冷水，剧烈	沸水，迅速	
单质与酸		剧烈、发烫	
最高价氧化物对应的水化物的碱性	NaOH(强碱)	$Mg(OH)_2$(中强碱)	
金属性	强⟶弱		

值得注意的是，铝虽然是金属，但却表现出了一定的非金属性。

非金属性是指元素的原子得到电子形成阴离子的性质。元素非金属性的强弱，可以从它的最高价氧化物的水化物的酸性强弱，或跟氢气生成气态氢化物的难易程度以及氢化物的稳定性来判断。

第 14 号元素硅是非金属，其氧化物 SiO_2 是酸性氧化物，它的对应水化物是原硅酸(H_4SiO_4)，原硅酸是一种很弱的酸。单质硅只有在高温下才能跟氢气起反应生成少量气态氢化物 SiH_4。

第 15 号元素磷是非金属，其最高价氧化物 P_2O_5 是酸性氧化物，它的对应水化物是磷酸(H_3PO_4)，属中强酸。磷的蒸气能与氢气起反应生成气态氢化物 PH_3，但相当困难。

第 16 号元素硫是比较活泼的非金属，其最高价氧化物 SO_3 是酸性氧化物，SO_3 对应水化物是硫酸(H_2SO_4)。硫酸是一种强酸。在加热时，硫能跟氢气化合生成气态氢化物 H_2S，H_2S 不很稳定，在较高温度时可以分解。

第 17 号元素氯是很活泼的非金属，其最高价氧化物是 Cl_2O_7，它的对应水化物是高氯酸($HClO_4$)。氯气跟氢气在光照或点燃时能发生爆炸而化合，生成十分稳定的气态氢化物 HCl。

第 18 号元素氩是一种稀有气体。

综上所述，从 11～18 号元素性质的变化可得出如下结论：

Na　Mg　Al　Si　P　S　Cl　Ar

⟶

金属性逐渐减弱，非金属性逐渐增强　稀有气体

人们对其他周期元素的性质进行研究，也可以得到类似的结论。

元素的性质随着元素原子序数的递增而呈周期性的变化，我们称这个规律为元素周期律。元素性质的周期性变化是元素原子的核外电子排布的周期性变化的必然结果，它的发现揭示了原子结构和元素性质的内在联系，对化学科学的发展起到了巨大的指导作用。

思考与练习

一、选择题

1. 下列元素中，原子半径最大的是（　　）。

A. 锂　　B. 钠　　C. 氟　　D. 氯

2. 下列各元素的负化合价从－1～－4 价依次排列的是（　　）。

A. F、Cl、Br、I　　B. Cl、S、P、Si

C. C、N、O、F　　D. Li、Na、Mg、Al

3. 某元素最高价氧化物对应水化物的化学式是 H_2XO_3，这种元素的气态氢化物的化学式为（　　）。

A. HX　　B. H_2X　　C. XH_3　　D. XH_4

二、填空题

在原子序数 11～18 的元素中，除稀有气体外原子半径最大的是________；最高价氧化物的水化物碱性最强的是________；最高价氧化物的水化物呈两性的是________；最高价氧化物的水化物酸性最强的是________；能形成气态氢化物且最稳定的是________。

三、推断题

有 X、Y、Z 三种元素，X、Y 原子的最外层电子数相同；Y、Z 原子的电子层数相同；X 与 Y 可形成 YX_2 和 YX_3 化合物，Y 原子核内的质子数是 X 的 2 倍，X 与 Z 可形成化合物 Z_2X_5。X、Y、Z 各是什么元素？分别画出它们的原子结构示意图。

四、计算题

某元素 R 的最高价氧化物化学式为 RO_2，且 R 的气态氢化物中氢的质量分数为 25%，试计算该元素的相对原子质量是多少？是何种元素？

第三节　元素周期表

上一节中我们已经学习了元素周期律，它帮助人们认识了杂乱无章的化学元素之间的相互联系和内在变化规律。元素周期表是元素周期律的具体表现形式，是化学学习和化学研究的重要工具。

元素周期表的编排原则是按照原子序数递增的顺序从左到右排列，将电子层数相同的元素排成一个横行，把最外层电子数相同的元素（个别例外）按电子层数递增的顺序从上到下排成纵行。国际纯粹与应用化学联合会公布的元素周期表中，有 118 种元素。

一、元素周期表的结构

1. 周期

元素周期表中的每一横行称为一个周期。元素周期表有 7 个横行，也就是有 7 个周期。周期的序数就是该周期元素原子所具有的电子层数。例如第 4 周期元素的原子，则该元素核外有 4 个电子层。

第一周期只包括氢和氦 2 种元素。第二、三周期各有 8 种元素。我们习惯将第一、第二和第三周期称为短周期。

第四、五周期各有 18 种元素，第六周期有 32 种元素，它们所含元素较多，称为长周期；第七周期尚未填满，称为不完全周期。

第六周期中 57 号元素镧(La)到 71 号元素镥(Lu)，共 15 种元素，它们的电子层结构和性质非常相似，总称为镧系元素。

第七周期中，89 号元素锕(Ac)到 103 号铹(Lr)元素共 15 种元素，它们的电子层结构和性质非常相似，总称为锕系元素。

通常将镧系元素和锕系元素分别按周期各放在一格里，并按原子序数递增的顺序，把它们另列在元素周期表的下方。

2. 族

元素周期表有 18 个纵列，除 8、9、10 三个纵列总称为Ⅷ族外，余下 15 个纵列每一个列为一族。

族又有主族和副族之分。

由短周期元素和长周期元素共同构成的族，叫做主族。主族在族序数后加一个 A，序数用罗马数字表示，如ⅠA、ⅡA、ⅢA 等。主族元素原子最外层的电子数跟族的序数相同，它们按照电子层数递增的顺序自上而下排列。

完全由长周期元素构成的族，叫做副族。序号为 B，序数也用罗马数字表示，如ⅠB、ⅡB、ⅢB 等。

第 18 纵列由稀有气体元素组成，通常情况下稀有气体元素的化学性质不活泼，化合价通常为 0，因而这一族又称为 0 族。

二、元素的性质与其在周期表的位置的关系

元素在周期表中的位置，反映了该元素的原子结构和一定的性质。因此，可以利用元素在周期表中的位置推出它的原子结构，预测它的某些性质。

同周期元素从左到右，核电荷数依次增多，原子半径逐渐减小，失电子能力逐渐减弱，得电子能力逐渐增强。因此，元素金属性逐渐减弱，非金属性逐渐增强。

同主族元素从上到下电子层数依次增多，原子半径逐渐增大，失电子能力逐渐增强，得电子能力逐渐减弱。因此，元素的金属性逐渐增强，非金属性逐渐减弱。

表 4-7 主族元素金属性和非金属性的递变规律

周期＼族	ⅠA	ⅡA	ⅢA	ⅣA	ⅤA	ⅥA	ⅦA
1							
2	Li	Be	B	C	N	O	F
3	Na	Mg	Al	Si	P	S	Cl
4	K	Ca	Ga	Ge	As	Se	Br
5	Rb	Sr	In	Sn	Sb	Te	I
6	Cs	Ba	Tl	Pb	Bi	Po	At
7	Fr	Ra					

非金属性逐渐增强（同周期从左到右）；金属性逐渐增强（同周期从右到左）；金属性逐渐增强（同主族从上到下）；非金属性逐渐增强（同主族从下到上）

元素的化合价与原子的电子层结构，特别是与最外层电子的数目有密切关系。因此，一般把元素原子最外层中的电子，叫做价电子。当然，有些元素的化合价与它们原子的次外层或倒数第三层的部分电子有关，这部分电子也叫价电子。

在周期表中，主族元素的最高正化合价等于它所在的族序数，这是因为族序数与最外层电子(即价电子)数相同。非金属元素的最高正化合价，等于原子所能失去或偏移的最外电子层上的电子数，它的负化合价则由原子最外层达到 8 个电子稳定结构所需要得到的电子数决定。因此，对于主族元素而言，化合价存在如下关系：

元素的最高正化合价＝主族的序数

|非金属元素的负化合价|＋最高正化合价＝8

思考与练习

一、选择题

1. 钾的金属活动性比钠强，根本原因是(　　)。
   A. 钾的密度比钠的小　　B. 钾原子的电子层比钠原子多一层
   C. 钾与水反应比钠与水反应更剧烈　　D. 加热时，钾比钠更易汽化
2. 对于同一周期从左到右的主族元素，下列说法错误的是(　　)。
   A. 原子半径逐渐减小　　B. 单质的熔沸点逐渐升高
   C. 元素的非金属性逐渐增强　　D. 最高正化合价逐渐增大

二、判断题

1. 同一主族的元素其化学性质是相似的。(　　)
2. 随原子核电荷数的递增，原子核对外层电子的吸引力逐渐减弱。(　　)
3. 所有元素既有正化合价也有负化合价。(　　)
4. 原子序数最大的元素其原子半径也最大。(　　)
5. 只有最外层拥有 8 个电子时，其原子结构才稳定。(　　)

6. 在周期表中，每一元素均占一个方格。（　　）

三、填空题

1. A元素的原子最外层第三层的电子数比其第二层少2，该元素位于周期表中的位置为________周期________族，其元素符号是________。

2. B元素的原子核外有3个电子层，最外层的电子数比其第一层多5，它的单质在点燃或强光照射下可与氢气反应生成另一种气体，该元素位于第________周期第________族，其元素符号是________。

本章小结

一、原子的构成

$$\text{原子}\ {}_{Z}^{A}X\begin{cases}\text{原子核}\begin{cases}\text{质子}\quad Z\text{个}\\\text{中子}\quad (A-Z)\text{个}\end{cases}\\\text{核外电子}\quad Z\text{个}\end{cases}$$

二、原子核外电子排布规律

电子由内向外按能量由低到高分层排布；第n层最多容纳的电子数为$2n^2$；最外层电子数≤8（K层为最外层不超过2个），次外层电子数≤18，倒数第三层电子数≤32。

三、元素周期律

元素的性质随着元素原子序数的递增而呈周期性变化的规律，叫做元素周期律。主要体现在核外电子排布的周期性变化、原子半径的周期性变化和元素主要化合价、金属性及非金属性等的周期性变化方面。

元素周期律变化是元素原子核外电子排布的周期性变化的必然结果。

四、元素周期表

周期表中的周期由短周期（第一至第三周期）、长周期（第四至第六周期）和不完全周期（第七周期）构成。同周期元素性质递变规律：从左到右（稀有气体除外），元素的金属性逐渐减弱，非金属性逐渐增强。

周期表中的族由主族、副族、Ⅷ族和0族共16个族构成。同主族元素性质递变规律：从上到下，元素的金属性逐渐增强，非金属性逐渐减弱。

章节测试

一、选择题

1. 据报道，2000年科学家发现了一种新元素，它的原子核内有176个中子，质量数为292，该元素的原子序数为（　　）。

A. 292　　B. 176　　C. 116　　D. 161

2. 下列互为同位素的一组是（　　）。

A. ${}_{19}^{40}K$与${}_{20}^{40}Ca$　　B. 金刚石和石墨

C. ${}_{8}^{16}O$与${}_{16}^{32}S$　　D. ${}_{19}^{40}K$与${}_{19}^{39}K$

3. 下列第ⅠA族元素中，金属性最弱的是(　　)。

A. 锂　　B. 钠　　C. 钾　　D. 铷

4. 在周期表中的位置，反映了元素的原子结构和元素的性质，下列说法正确的是(　　)。

A. 同一元素不可能既表现金属性，又表现非金属性

B. 第三周期元素的最高正化合价等于它所处的主族序数

C. 短周期元素形成离子后，最外层电子都达到8电子稳定结构

D. 同一主族的元素的原子，最外层电子数相同，化学性质完全相同

5. 据科学家预测，月球土壤中吸附着数百万吨的^{3}He，而地球上氦元素主要以^{4}He的形式存在。下列说法正确的是(　　)。

A. ^{4}He原子核内含有4个质子

B. ^{3}He和^{4}He互为同位素

C. ^{3}He原子核内含有3个中子

D. ^{4}He的最外层电子数为2，与镁相同，故^{4}He与镁性质相似

6. 下列说法中，正确的是(　　)。

A. 在元素周期表中，主族元素所在的族序数等于原子核外电子数

B. 在周期表中，元素所在的周期数等于原子核外电子层数

C. 最外层电子数为8的粒子是稀有气体元素的原子

D. 元素的原子序数越大，其原子半径也越大

二、填空题

1. 根据下列叙述，写出元素名称。

(1) A元素原子核外M层电子数是L层电子数的1/2，则A为________。

(2) B元素原子的最外层电子数是次外层电子数的1.5倍，则B为________。

(3) C元素的次外层电子数是最外层电子数的1/4，则C为________。

2. 在短周期元素中：

(1) 非金属性最强的元素是________。

(2) 最高价氧化物对应水化物的酸性最强的元素是________。

(3) 与水反应最剧烈的金属是________。

(4) 原子半径最小的元素是________。

3. 元素周期表中ⅦA族元素从上至下，原子半径逐渐________，元素的非金属性逐渐________，气态氢化物的稳定性逐渐________。

4. 下表为元素周期表的一部分，请参照元素①～⑧在表中的位置，用化学用语回答下列问题：

族 周期	ⅠA						0
1	①	ⅡA	ⅢA	ⅣA	ⅤA	ⅥA	ⅦA	
2				②	③	④		
3	⑤		⑥	⑦			⑧	

(1) 这 8 种元素中金属性最强的元素是________，非金属性最强的元素是________。

(2) ④、⑤、⑥的原子半径由大到小的顺序为____________________。

(3) ②、③、⑦的最高价含氧酸的酸性由强到弱的顺序是__________________。

(4) ⑧的单质跟②的氧化物的水化物能发生化学反应，反应的化学方程式为________________。

三、计算题

某元素 X 的气态氢化物 XH_3 中 H 的质量分数为 17.65%，又知该元素的原子核中有 7 个中子，通过计算推断是哪种元素？并确定该元素在元素周期表中的位置。

实验部分

实验一　一定物质的量浓度溶液的配制

实验目的

1. 练习容量瓶、滴定管的使用方法。
2. 掌握配制一定物质的量浓度溶液的操作方法。
3. 加深对物质的量浓度的理解与应用。

实验用品

NaCl、蒸馏水。

电子天平、烧杯、玻璃棒、容量瓶(100 mL)、胶头滴管、量杯、钥匙、称量纸、吸量管。

实验步骤

一、认识容量瓶

容量瓶是一种细颈梨形平底的容量器，带有磨口玻塞，颈上有标线，表示在所指温度下液体凹液面与容量瓶颈部的标线相切时，溶液体积恰好与瓶上标注的体积相等。容量瓶上标有：温度、容量、刻度线。实验室常用的容量瓶有 100 mL、250 mL、500 mL 等规格。

使用前应检查瓶塞处是否漏水。具体方法：在容量瓶内装入半瓶水，塞紧瓶塞，用右手食指顶住瓶塞，另一只手五指托住容量瓶底，将其倒立(瓶口朝下)，观察容量瓶是否漏水。若不漏水，将瓶正立且将瓶塞旋转 180°后，再次倒立，检查是否漏水。若两次操作，容量瓶瓶塞周围皆无水漏出，则表明容量瓶不漏水。

二、认识吸量管

吸量管是用于准确量取一定体积溶液的量出式玻璃量器。刻度吸量管的全称是分度吸量管，是具有分度线的量出式玻璃量器，可以移取不同体积的溶液，它一般只用于量取小体积的溶液，常见的规格有 1 mL、2 mL、5 mL、10 mL、25 mL。

使用前，应检查移液管的管口和尖嘴有无破损，若有破损则不能使用。吸量管在移取溶液时，要先润洗。具体操作方法是：将欲移取的溶液倒入烧杯中，用右手的拇指和中指捏住吸量管的上端，将管的下口插入溶液中，插入不要太浅或太深，一般为 10～20 mm 处，太浅会产生吸空，把溶液吸到洗耳球内弄脏溶液，太深又会在管外黏附溶液过多。左手拿洗耳球，接在管的上口把溶液慢慢吸入，先吸入该管容量的 1/3 左右，用右手的食指按住管口，取出，横持，并转动管子使溶液接触到刻度以上部位，以置换内壁的水分，然后将溶液从管的下口放出并弃去，反复洗 3 次后使用。

三、配制 100 mL 0.4 mol/L NaCl 溶液

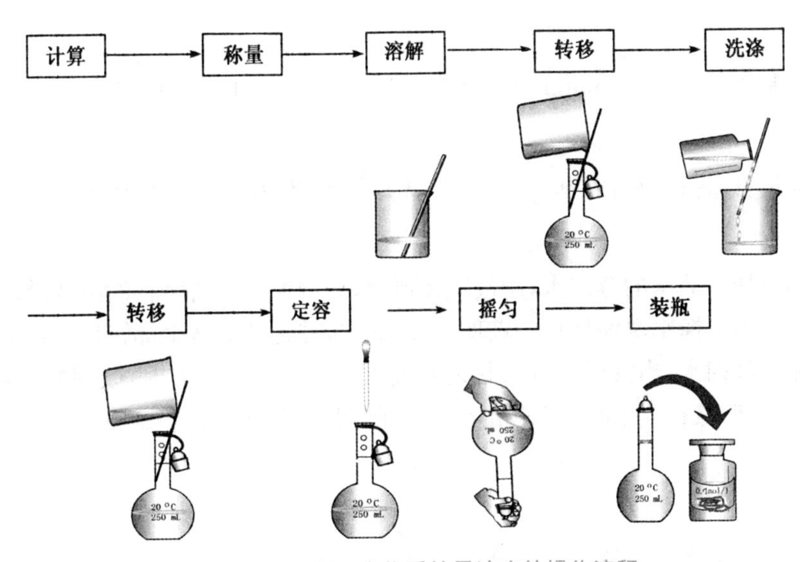

实验图 1　配制一定物质的量浓度的操作流程

1. 计算

计算 100 mL 0.4 mol/L NaCl 溶液所需 NaCl 固体的质量。

2. 称量

在天平上利用称量纸称量所需 NaCl 固体的质量。

3. 溶解

将称好的 NaCl 导入烧杯中，再向烧杯中加入适量蒸馏水，用玻璃棒搅拌，使 NaCl 完全溶解。

4. 转移

玻璃棒下端插入容量瓶刻度下，将烧杯中的溶液沿玻璃棒转移至容量瓶中。

5. 洗涤

为保证所有的氯化钠全部转移至容量瓶中，用蒸馏水洗涤烧杯和玻璃棒 2～3 次，并将洗涤液全部转移至容量瓶中。

6. 定容

向容量瓶中加入蒸馏水,当液面离容量瓶刻度线以下 1~2 cm 左右时,改用胶头滴管逐滴,小心加水,直到凹液面与标线恰好相切。

7. 摇匀

盖好容量瓶瓶塞,上下颠倒、摇动,使溶液充分混合均匀。

8. 装瓶

将配制好的溶液倒入试剂瓶中,贴好试剂标签。

四、利用 0.4 mol/L NaCl 溶液配制 100 mL 0.1 mol/L NaCl 溶液

1. 计算

计算配制 100 mL 0.1 mol/L NaCl 溶液所需 0.4 mol/L NaCl 溶液的体积。

2. 移取

利用吸量管,将移取所需 0.4 mol/L NaCl 溶液的体积转移至烧杯中。

3. 配制

向烧杯中加入适量的蒸馏水,用玻璃棒搅拌,充分混合。将烧杯的溶液沿玻璃棒转移至容量瓶中。用蒸馏水洗涤烧杯和玻璃棒 2~3 次,并将洗涤液全部转移至容量瓶中。向容量瓶中加入蒸馏水,当液面离容量瓶刻度线以下 1~2 cm 左右时,改用胶头滴管逐滴,小心加水,直到凹液面与标线恰好相切。盖好容量瓶瓶塞,上下摇动,使溶液充分混合均匀。

4. 装瓶

将配制好的溶液倒入试剂瓶中,贴好试剂标签。

问题与讨论

1. 在配制 NaCl 溶液时,定容时加水过量后用吸管吸出,对所配制溶液的浓度有何影响?若定容时仰视标线,对所配制溶液的浓度有何影响?

2. 在摇匀容量瓶放置后,发现液面低于刻度线,能否补充水?为什么?

实验二　物质之间的互相转化及胶体

实验目的

1. 巩固对物质分类、化学反应类型的认识。
2. 进一步理解离子反应发生的条件。
3. 了解 $Fe(OH)_3$ 胶体的制取方法。

实验用品

CuO 粉末、稀 H_2SO_4 溶液、NaOH 溶液、$CuSO_4$ 溶液、$FeCl_3$ 固体。

试管、小烧杯(100 mL)、石棉网、三脚架、酒精灯、火柴、玻璃棒、激光笔。

实验步骤

一、氧化物、酸、碱、盐之间的相互转化

1. 在试管中加入少量 CuO 粉末，滴入 2 mL 稀 H_2SO_4 溶液，振荡，观察并记录现象，分析原因，写出有关反应的化学方程式。

2. 在上述反应后的试管中，逐滴加入 NaOH 溶液，直到不再产生沉淀为止，观察并记录现象，分析原因，写出有关反应的化学方程式。

3. 往上述试管中逐滴加入稀 H_2SO_4 溶液，振荡，直到混合物全部变澄清，记录试管内物质形状和颜色的变化，并对这些现象给出合理的解释。

二、$Fe(OH)_3$ 胶体的制取及丁达尔现象

1. 取适量(约一满钥匙)$FeCl_3$ 固体放入小烧杯中，加入约 100 mL 水，搅拌，得到 $FeCl_3$ 溶液。

2. 往另一个小烧杯中加入 50 mL 水，置于铁架台的石棉网上，用酒精灯加热至沸腾，边搅拌边加入配制好的 $FeCl_3$ 溶液约 30 mL，继续加热至颜色逐渐变深，得到 $Fe(OH)_3$ 胶体。

3. 用激光笔分别从侧面照射所配制的 $FeCl_3$ 溶液和 $Fe(OH)_3$ 胶体，观察是否出现丁达尔现象。

问题与讨论

1. 氧化物和酸、碱、盐之间可以互相转化吗？请举例说明。
2. 溶液与胶体的主要区别是什么？请举例说明。

实验三　碱金属及其化合物的性质

实验目的

1. 进一步巩固对碱金属及其化合物性质的认识。
2. 通过焰色反应检验 Na^+、K^+ 的存在。

实验用品

Na、Na_2CO_3、$NaHCO_3$、K_2CO_3、酚酞试液、35%的盐酸。

玻璃片、镊子、小刀、烧杯、漏斗、试管、铝箔、酒精灯、蓝色钴玻璃片、铂丝、药匙、导管、橡皮塞、铁架台(带铁夹)。

实验步骤

一、金属钠的性质

1. 用镊子从试剂瓶中取出一小块金属钠，用滤纸把煤油擦干。把钠放在玻璃片上，用小刀切下绿豆大小的一块。观察钠的硬度和新切开的表面光泽变化情况。

2. 在小烧杯里预先倒入一些水，然后用镊子把切下的钠放入烧杯里，并迅速用玻璃片将烧杯盖好，观察发生的现象。反应后，向烧杯里滴几滴酚酞试液，观察溶液颜色有何变化?

3. 另切一小块绿豆大的钠，用事前针刺过一些小孔的铝箔包好，再用镊子夹住，放在倒置于液面下的试管口下方。等试管中气体收集满时，把试管倒着移近酒精灯点燃，有什么现象发生？试说明反应中生成了什么气体?

记录实验中所观察到的现象，并对这些现象给出合理的解释，写出有关反应的化学方程式。

二、焰色反应

1. 把铂丝洗干净，反复灼烧，然后用铂丝蘸一些 K_2CO_3 溶液(或粉末)，再放到酒精灯火焰上灼烧，隔着蓝色钴玻璃观察火焰的颜色。

2. 把洁净铂丝蘸有 Na_2CO_3 溶液(或粉末)后放到酒精灯上灼烧，观察火焰的颜色。把洁净铂丝蘸有 K_2CO_3 和 Na_2CO_3 混合溶液(或混合粉末)灼烧，先直接观察火焰颜色，再隔着蓝色钴玻璃观察，火焰各呈什么颜色？为什么?

三、碳酸氢钠的性质

在一干燥的试管里放入 $NaHCO_3$ 粉末，试管口用带有导管的塞子塞紧，并把试管用夹子固定在铁架台上，使管口略向下倾。导管的另一端浸在澄清的石灰水中。

加热试管，观察现象。当气泡很少时先把试管提高，使导管口露出石灰水面，再移去装有石灰水的烧杯，最后熄灭酒精灯。

记录实验中所观察到的现象，并对这些现象给出合理的解释，写出有关反应的化学方程式。

问题与讨论

1. 做钠与水的反应实验时，为什么一定要注意钠的量不能太多?
2. 在加热碳酸氢钠实验完成后，为什么要先移去装有石灰水的烧杯，再熄灭酒精灯?

实验四　卤族元素的化学性质及氯离子的检验

实验目的

1. 认识氯、溴、碘等单质及其卤化物的性质。
2. 进一步巩固对同主族元素性质递变规律的认识。
3. 学习氯离子的检验方法。

实验用品

新制氯水、溴水、碘水、NaCl 溶液、NaBr 溶液、NaI 溶液、$AgNO_3$ 溶液、稀 HNO_3 溶液、淀粉溶液、四氯化碳溶液、蒸馏水。

试管、试管架、胶头滴管。

实验步骤

一、卤素单质间的置换反应

1. 在 3 支试管中，分别加入约 2 mL NaCl 溶液、NaBr 溶液和 NaI 溶液，然后各加入约 3 mL 新制的氯水，观察现象。用力振荡后再各注入少量四氯化碳，振荡并静置片刻。待液体分为两层后，观察四氯化碳层和水层颜色的变化。

2. 用溴水代替氯水，进行上述操作实验。

记录实验中所观察到的现象，并对这些现象给出合理的解释，写出有关反应的化学方程式。

二、碘与淀粉的特征反应

在 2 支试管中加入少量淀粉溶液，然后向一支试管中滴入几滴碘水，另外一支试管中滴入 NaI 溶液，观察 2 支试管溶液颜色的变化，并解释原因。

三、氯离子的检验

取 4 支试管，分别注入少量稀盐酸、氯化钠、氯化钡和碳酸钠溶液，各加入几滴 $AgNO_3$ 溶液，观察发生的现象。再分别向 4 支试管中滴入几滴稀硝酸，振荡试管，观察实验现象，并写出有关反应的化学方程式。

问题与讨论

1. 同主族元素的性质是如何递变的?
2. 检验 Cl^- 时,为什么滴加 $AgNO_3$ 溶液后,还要再加稀 HNO_3?
3. 试设计实验如何从海带中提取单质碘?